NanoEdition

Das Buch

Die Suche nach gemeinsamen Mustern im Kleinen und im Grossen begleitet den Menschen seit je. Im vorliegenden Buch sind Erkenntnisse über solche Muster bei unbelebten, lebendigen und technischen Strukturen zusammengefasst. Fazit: Es existiert ein Standpunkt, von dem aus gesehen Ordnung auf allen Ebenen gleichartig ist.

Der Autor

Simon Reist wurde 1956 im schweizerischen Emmental geboren. Nach seinem MSc in Biologie arbeitete er an verschiedenen Stellen als wissenschaftlicher Mitarbeiter, wovon 28 Jahre in einer kantonalen Verwaltung. Nun hat er die Ergebnisse seiner ausserberuflichen Studien zum Thema Ordnung in einem Bericht zusammengefasst. Bereits früher erschienen von ihm «Jagd nach der fehlenden Synthese» (2003) und «14 Milliarden Jahre Ursache und Wirkung» (2012).

Simon Reist

Ordnung
Eine Frage der Verteilung

NanoEdition

Umschlagbild
Basaltsäulen auf Porto Santo

Veröffentlicht durch den Verlag
NanoEdition, 3942 Raron, Schweiz
nano.edition@bluewin.ch
www.nanoedition.ch

Hergestellt durch
Books on Demand GmbH, 22848 Norderstedt,
Deutsch-land, www.bod.de

© Simon Reist, 2019
ISBN 978-3-9521575-4-1

Zusammenfassung

Wie entsteht Ordnung? Anhand eines Vergleichs von drei verschiedenen Ordnungsprozessen wird untersucht, ob bei der Entstehung von Ordnung Gesetzmässigkeiten erkennbar sind. Betrachtet werden erstens die Entstehung biologischer Arten, zweitens die Entstehung von wabenförmigen Zellen bei Abkühlungsprozessen in Gesteinen und Flüssigkeiten und drittens die Entstehung von Mustern bei der Kollision simulierter Teilchen mit ihrer Umgebung.

In den drei Fällen sind jeweils unterschiedliche physikalische Kräfte im Spiel. Betrachtet man die Wirkung dieser unterschiedlichen Kräfte, ist ein Muster feststellbar: Die Kräfte wirken selektiv. Bei allen drei Fällen können Selektionsprozesse oder, neutraler ausgedrückt, Trennungsprozesse festgestellt werden. Die Folge der Kraftwirkung ist in allen drei Fällen eine Anhäufung von ähnlichen Dingen, man kann sie auch Objekte nennen: im ersten Fall eine Anhäufung von biologischen Merkmalen; im zweiten Fall eine Anhäufung von Konvektionszellen; im dritten Fall eine Häufung von Teilchen-Kollisionen.

Das festgestellte gemeinsame Muster in den drei unterschiedlichen Systemen ist der Anlass, hier den Begriff «Selektion» zu definieren und Selektion als Konzept mit dem Begriff Ordnung in Zusammenhang zu bringen.

Die Definition ist weniger eng gefasst als bei der natürlichen

Selektion in der Biologie. Selektion steht aufgrund der gemachten Beobachtungen für eine bestimmte Wirkung von Kräften auf eine Gruppe von Objekten. Diese Wirkung, und das ist die hier benutzte Definition von Selektion, diese Wirkung verändert die Verteilung der Objekte in einer Bezugsumgebung, so dass eine Häufung entsteht.

Anschliessend wird versucht, den Begriff «Ordnung» möglichst nahe am umgangssprachlichen Begriff zu fassen und nicht nur selektionsbedingte Häufungen, sondern auch zufallsbedingte Verteilungen einzuschliessen, denn auch «Unordnung» ist im Grunde genommen eine Form von Ordnung. Die Bemühungen führen schliesslich zur Folgerung, dass Ordnung als identisch mit der Verteilung von Objekten aufgefasst werden kann. Die Verteilung von Objekten auf Plätze ist ein Modell, mit dessen Hilfe Ordnung fassbar wird.

Diese Sichtweise hat Auswirkungen auf die Antwort der eingangs gestellten Frage nach der Entstehung von Ordnung: Fasst man Ordnung als Verteilung von Objekten auf Plätze auf, so kann die Entstehung von Ordnung als ein Prozess des Verteilens von Objekten auf Plätze beschrieben werden. Andere Begriffe, die wir mit Ordnung in Verbindung bringen, wie einfach/komplex, tiefere Ordnung/höhere Ordnung, heterogen/homogen beschreiben mit dieser Auffassung von Ordnung zwar bestimmte Eigenschaften einer betrachteten Ordnung, jedoch nicht den Kern der Sache, die Verteilung selbst. Die Aufmerksamkeit richtet sich sodann auf die Untersuchung der Prozesse des Verteilens. Mit Hilfe des oben dargelegten Begriffs der Selektion kann der Verteilprozess in zwei grundlegende Kategorien eingeteilt werden: erstens «verteilen ohne Präferenz», was als zufällig bezeichnet wird, und zweitens «verteilen mit Präferenz», was als selektiv bezeichnet wird.

Mit diesem Hintergrund können einfache dynamische Vorgänge in der Natur als Wiederholungen von Verteilvorgängen aufgefasst werden. Ein Beispiel dafür sind die bewegten Teilchen in einem idealen Gas in einem geschlossenen Behälter. In jedem aufeinanderfolgenden Augenblick ändert sich der Aufenthaltsort und die Geschwindigkeit der einzelnen Teilchen. Der Verteilmechanismus, nämlich die Kollisionen zwischen Teilchen sowie Teilchen und Behälter, bleibt dabei gleich. Auch die Teilchen bleiben gleich in Art und Anzahl. Es handelt sich um einen ständig sich wiederholenden Verteilprozess.

In Wirklichkeit kommen aber meist Ordnungsvorgänge vor, bei denen während den Wiederholungen des Verteilprozesses weitere Veränderungen auftreten. Beispiele dafür sind die Entstehung biologischer Arten oder die Entstehung von verschiedenartiger Musik oder von verschiedenartigen technischen Apparaten. Veränderungen während Ordnungsvorgängen kennen wir unter Begriffen wie Wachstum, Rückgang, Zerfall, Evolution. Diese Begriffe werden hier zu Bezeichnungen für unterschiedliche Richtungen derartiger Veränderungen.

Das Verteilungsmodell ermöglicht es, Ordnung in Beziehung zum Begriff Energie zu bringen. Überlegungen in diese Richtung weisen darauf hin, dass sich in der Natur jene dynamische Verteilung entlang eines Gefälles einstellt, welche den effizientesten Transport leistet.

Neben all diesen Erkenntnissen stellt sich nun noch die einfache Frage, warum unsere Wahrnehmung auf Häufungen reagiert. Warum können wir sie als solche wahrnehmen und haben sie sogar sprachlich fassbar gemacht? Eine plausible Erklärung ist folgende: Eine Anhäufung von reifen Beeren kann mit vergleichsweise weniger Energieaufwand genutzt werden, als wenn gleichviele Beeren weit in der Landschaft verstreut wären und wir uns eine grosse Strecke zu jeder Beere hinbewegen müssten. Die Ressource kann mit weniger Energieaufwand genutzt werden, wenn die Objekte räumlich nahe beieinander liegen. Die Wahrnehmung von Häufungen, so lautet daher die These, hat sich im Laufe der Evolution herauskristallisiert, weil sie das Auffinden von effizient nutzbarer Nahrung erleichtert und daher vorteilhaft ist.

Inhalt

1 Einleitung

Seit vier Jahrzehnten stosse ich immer wieder auf Fragen der Entstehung von Ordnung. In der Ausbildung beschäftigte mich die biologische Evolution. Nicht von Anfang an habe ich sie als eine Entwicklung von Ordnung gesehen. Denn in Zürich, meiner Ausbildungsstätte, war damals das Chaos in Mode. An der Universität wurden entsprechende Theorien diskutiert und in den Strassen gab die «Bewegung» den Ton an. Die Aufmerksamkeit galt dem Chaos und nicht der Ordnung.

Im Berufsleben stiess ich dann auf Ordnungsvorgänge in der Gesellschaft. Diese folgten auf die Einführung von Gesetzen zum Schutz der Umwelt - zum Beispiel hat sich die Abfallverwertungsbranche der Schweiz neu geordnet, infolge der Umweltschutzgesetzgebung. Dazu kamen unspektakuläre, aber stark Ordnung bewirkende umweltrelevante Verwaltungsverfahren, hinzu kamen die Wirkung betrieblicher Organisation, der Ordnungsprozess beim Aufbau einer Datenbank oder die ordnende Wirkung der Nutzung der Datenbank.

Die Sichtweise, dass unsere Vorfahren und wir alle Teile von Ordnungsprozessen sind, die inzwischen nicht nur biologische Arten, sondern auch Maschinen hervorbringen, gewann für mich dauernd an Bedeutung. Zwar haben zum Beispiel Jules Vernes in «De la Terre à la Lune»,

(Verne, 1865) oder E. M. Forster in «The Machine Stops» (Forster, 1909) aufgrund der Vergangenheit und Gegenwart zu ihrer Zeit eine Zukunft erahnt und beschrieben. Die Beschreibungen waren, wie wir heute wissen, teilweise erstaunlich zutreffend. Ihre Geschichten können als eine Art Voraussagen über die Entwicklung eines Systems aufgefasst werden. Die beiden waren in diesem Sinne moderne Propheten. Nie jedoch hat die Menschheit die Schriften dieser beiden als Massstab genommen, um den heutigen Stand der Technik zielbewusst anzustreben. Der heutige Stand ist einfach entstanden und entwickelt sich weiter. Eben, wie zu vermuten ist, im Rahmen von Ordnungsprozessen, von denen wir Teil sind.

Im Folgenden wird diese Sicht zum Thema Entstehung von Ordnung nachvollziehbar dargelegt. Sie enthält vermutlich die grundlegendsten Erkenntnisse, die in dieser Sache derzeitig möglich sind. Der bisher umfassendste Versuch einen Überblick herzustellen, stammt vom Astrophysiker Unsöld und ist mittlerweile bald 40 Jahre alt. Daran erkennt man, dass es kein schnelllebiges Thema ist. In seinem letzten Buch (Unsöld, 1981) hat er das naturwissenschaftliche Wissen über die Entstehung der Galaxien, der Sonnensysteme, der Erde, dem Leben auf der Erde bis hin zu den Denkstrukturen des Menschen zusammengestellt. In dieser Zusammenstellung ist ein roter Faden erkennbar: Auf all diesen Stufen findet Evolution statt. Fragen wie «Woher kommen wir, was sind wir, wohin gehen wir?» können vor diesem Hintergrund einfacher beantwortet werden. In Unsölds Zusammenstellung werden fachübergreifend immer wieder Begriffe wie Evolution, Ordnung und auch Selektion gebraucht ohne sie aber genauer einzugrenzen. Auch im Bereich der Informationstechnologie werden aktuell Programme zur Entwicklung künstlicher Intelligenz geschrieben, ohne dass diese drei Begriffe genauer geklärt sind. Brauchen wir überhaupt eine Klärung? Für jeden Wissenschafter ist ein Klärungsversuch risikoreich, da es sich um ein fachübergreifendes Unterfangen handelt, der Aufwand nicht abschätzbar, das Ziel nicht erkennbar und Kritik an vielen Fronten vorhersehbar ist. Wissenschafter im professionellen Forschungsbetrieb stehen derartigen «Arbeiten» daher skeptisch gegenüber. Weil mir diese Begriffe aber immer wieder begegnet sind, bin ich den damit zusammenhängenden Fragen in meiner Freizeit während mehrerer Jahrzehnte nachgegangen. Der vorliegende Bericht fasst das Ergebnis dieser Nachforschungen zusammen. Er präzisiert letztlich nur die drei Begriffe Ordnung, Selektion, Evolution. Diese Präzisierung ermöglicht es aber, das vermutete Muster hinter den Entwicklungsvorgängen auf kosmischer, biologischer und technischer Ebene klarer als bisher darzustellen.

Die Erstellung des Berichts hatte vorwiegend den Zweck, dem Autor Klärung zu verschaffen. Der Bericht wurde aber so verfasst, dass Leser die Ergebnisse nachvollziehen können.

2 Worum geht es?

Gemäss dem gängigen Weltmodell sind Elementarteilchen, Atome, Moleküle, Lebewesen, soziale Systeme, technische Apparate, Planeten, Sonnensysteme, Galaxien und Galaxienhaufen nicht immer dagewesen, sondern entstanden. Diese Entstehung kann man sich als einen naturgegebenen Verlauf vorstellen.

Entstehungsvorgänge haben erkennbare Gemeinsamkeiten: es sind Abläufe, die vom Chaos zum Geordneten führen, man kann auch sagen, vom Zufälligen zum Vorhersagbaren. Sie sind im Grunde nichts anderes, als physikalische Ordnungsprozesse.

Dass wir Ordnung überhaupt als etwas Besonderes wahrnehmen deutet darauf hin, dass unsere Vorfahren aus dieser Wahrnehmung einen Vorteil zogen. Ordnung ist ein Merkmal, das wir in vielen Bereichen erkennen und das unsere Aufmerksamkeit erregt.

Immer wieder gab und gibt es Versuche, gemeinsame Gesetzmäßigkeiten auf so unterschiedlichen Ebenen wie die physikalische, biologische und soziale zu finden und zu formalisieren. Ein sehr ursprünglicher Versuch dies auszudrücken wird einem unbekannten Urheber zugeschrieben und lautet etwa: «Das was unten ist, ist gleich dem was oben ist und das was oben ist, ist gleich dem was unten ist ….». Damit ist gesagt, dass er im Kleinen und im Grossen ähnliche Muster wahrgenommen hat. Vielleicht hat er mit den damaligen Mitteln Wellenmuster im Wasser und wellenförmige Wolken miteinander verglichen oder Bewegungen des Wassers in einem Fluss mit Bewegungen des Windes, der Staub aufwirbelt und dann seine Beobachtungen in einer Theorie zusammengefasst, dem obengenannten Satz. Aktuellere Beispiele für Arbeiten in dieser Richtung sind die Allgemeine Systemtheorie (Wikipedia, Systemtheorie, 2018) und die bereits erwähnte Gesamtschau von Unsöld mit dem Titel «Evolution kosmischer, biologischer und geistiger Strukturen» (Unsöld, 1981).

Besonders hilfreich bei der Suche nach ähnlichen Mustern ist die Vorstellung des Systems. Als System wird allgemein eine Gesamtheit von Elementen bezeichnet, die miteinander verbunden sind und dadurch als eine aufgaben-, sinn- oder zweckgebundene Einheit angesehen werden können, als strukturierte systematische Ganzheit (Wikipedia, System, 2018).

Prinzipien, die in einer Klasse von Systemen gefunden werden, sollten auch auf andere Systeme anwendbar sein. Als Beispiele für diese Prinzipien werden etwa Komplexität, Gleichgewicht, Rückkopplung und Selbstorganisation genannt (Wikipedia, Ludwig von Bertalanffy, 2018).

Im vorliegenden Zusammenhang interessiert das Prinzip der Selbstorganisation, da es im Unterschied zu den anderen genannten Prinzipien eine Form der Systementwicklung darstellt und in diesem Bericht letztlich Entwicklungsvorgänge von Systemen verschiedener Grössenordnungen untersucht werden.

Der Begriff Selbstorganisation wurde in den 1950iger Jahren von den Sozialwissenschaftlern W.A. Clark und B.G. Farley geprägt (Wikipedia, Selbstorganisation, 2018). Wie diese Form von Systementwicklung abläuft, ist nicht geklärt, es gibt keine anerkannte Theorie dazu. Die beiden Wissenschaftszweige Synergetik und Kybernetik untersuchen die Abläufe und verwenden zum Beispiel Rechenvorgänge, die nach einem sich wiederholenden Schema ablaufen (evolutionäre Algorithmen) zum Entwurf selbstorganisierender Systeme. Bei der Selbstorganisation gehen die formgebenden, gestaltenden und beschränkenden Einflüsse von den Elementen des sich organisierenden Systems selbst aus (Wikipedia, Selbstorganisation, 2018). Ein konkretes und immer wieder zitiertes Beispiel physikalischer Selbstorganisation bilden die Bénard-Zellen (Wikipedia, Rayleigh-Bénard-Konvektion, 2017). Durch das Erhitzen einer ölhaltigen Flüssigkeit entstehen in der Flüssigkeit sichtbare Konvektionsströme, die unter bestimmten Bedingungen Wabenform annehmen. Die Vielzahl von gleichartigen Waben wird von uns als Ordnung wahrgenommen.

Das Studium dieser Ordnung führte dazu, dass für derartige offene Nichtgleichgewichtssysteme der Begriff „dissipative Strukturen" geprägt wurde. Dissipation bezeichnet den

Vorgang in einem dynamischen System, bei dem die Energie einer makroskopisch gerichteten Bewegung, in thermische Energie übergeht (Wikipedia, Dissipation, 2017). In derartigen Strukturen ist die Entstehung von Ordnung begleitet von einer Umwandlung von Bewegungsenergie in Wärme.

Laut dieser Sichtweise handelt es sich bei der Erdoberfläche um ein offenes dynamisches System, eine dissipative Struktur, auf der unter Zufuhr von Energie Ordnung entsteht. So gesehen stellt dieses offene dynamische System die Basis für die Entstehung und Evolution von Lebewesen dar. Die biologische Evolution, das heisst die Entstehung der biologischen Arten, kann somit als ein Beispiel für eine Systementwicklung betrachtet werden.

Stand des Wissens ist, dass sich dissipative Strukturen nur in offenen Nichtgleichgewichtssystemen bilden, die Energie, Materie oder beides mit ihrer Umgebung austauschen (Wikipedia, Dissipative Struktur, 2018). Und: Die Herausbildung eines Ordnungszustandes ist mit einer lokalen Verminderung der Entropie im Vergleich zu einem Bezugszustand derselben Energie verbunden (Wikipedia, Musterbildung, 2018).

Zusammengefasst haben wir ein Modell der Bedingungen, unter denen Ordnung entstehen kann: ein offenes, nichtlineares System, fern des thermodynamischen Gleichgewichts, das Materie, Energie oder beides mit der Umgebung austauscht. Wir haben ferner einen Namen dafür, wie der Ordnungsprozess abläuft: die Systementwicklung oder als Spezialfall die Selbstorganisation. Und wir haben ein makroskopisches Beispiel für diesen Prozess: die Entstehung des Lebens auf dem Planeten Erde.

Was wir nicht haben, ist eine physikalische Definition von Ordnung und wir kennen auch keinen allgemeinen Mechanismus, nach dem Ordnung entsteht.

3 Die Frage nach der Entstehung von Ordnung

Die Frage, die hier gestellt wird, heisst: Wie entsteht Ordnung?

Verschiedene Formulierungen derselben Frage erlauben es, verschiedene Aspekte zu beleuchten. Man kann die Frage auch so formulieren: Laufen Ordnungsprozesse von Fall zu Fall komplett verschieden ab, oder gibt es Gemeinsamkeiten?

Eine der Schwierigkeiten bei der Suche nach einer Antwort ist, zu definieren, was Ordnung ist. Aber: Findet man die Ursache oder die Ursachen der Ordnung, so wird möglicherweise auch die Definition von Ordnung erleichtert.

Um das Betrachtungsfeld abzustecken, werden zunächst die verwendeten Begriffe erläutert.

4 Begriffe

Neben vielen anderen kommen schon in der Einleitung Begriffe wie Ordnung, Selbstorganisation, Selektion und System vor. Sie werden untenstehend präzisiert. Für alle anderen wird auf die Liste im Glossar verwiesen.

Objekt: Alles das, was mir als wahrnehmendem Ich in der Aussenwelt aber auch in meiner Innenwelt gegenübersteht (Wikipedia, Gegenstand, 2018, abgeändert).

Ordnung: Wir nehmen etwas   als Ordnung wahr oder als Unordnung. Was den Unterschied ausmacht, wissen wir nicht. Betrachten wir Bewegungen, so unterscheiden wir zwischen ungeordneten Bewegungen vieler individueller Teilchen und geordneten Bewegungen vieler Teilchen. Auch Formen können als geordnet oder ungeordnet wahrgenommen werden. Für unsere Wahrnehmung ist die gleichmässige Verteilung eine Form von Ordnung. Die Physik interpretiert diesen Zustand als mit maximaler Entropie versehen oder auch als maximale Unordnung. Eine physikalische Definition von Ordnung gibt es bisher nicht. Am nächsten kommt ihr der Begriff negative Entropie, Negentropie. Negentropie kann als ein Mass für die Abweichung einer Zufallsvariable von einer Gleichverteilung interpretiert werden (Wikipedia, Negentropie, 2018). Im Verlauf der vorliegenden Arbeit wird eine einfache, allgemein anwendbare Sichtweise vorgeschlagen, welche auch die Unordnung oder Gleichverteilung als eine Form von Ordnung betrachtet.

Systementwicklung: Die Systementwicklung kann in Anlehnung an die Entwicklung biologischer Systeme unter zwei Gesichtspunkten betrachtet werden: Entwicklung eines einzelnen Systems (Onthogenese) oder die stammesgeschichtliche Entwicklung einer Gruppe von Systemen (Phylogenese) (Wikipedia, Systementwicklung, 2018). Eine gut dokumentierte Form einer Systementwicklung ist die bereits erwähnte Selbstorganisation. In Prozessen der Selbstorganisation werden höhere strukturelle Ordnungen erreicht, ohne dass erkennbare äußere steuernde Elemente vorliegen. Jedes Verhalten des Systems wirkt auf sich selbst zurück und wird zum Ausgangspunkt für weiteres Verhalten (Wikipedia, Selbstorganisation, 2018).

Selektion: Unter Selektion wird hier der Prozess verstanden, den man früher ausschliesslich mit «Auslese» bezeichnet hat. Von einem etwas neutraleren Standpunkt aus gesehen ist es ein Prozess der Trennung, der ähnliche Objekte oder Elemente in Gruppen auftrennt. Er ist klar abzugrenzen vom wissenschaftlichen Begriff der «natürlichen Selektion», welcher mit der biologischen Artbildung verbunden ist und darum für die vorliegende Betrachtung zu eng gefasst ist. Im Verlauf der vorliegenden Arbeit wird eine einfache, allgemein anwendbare Sichtweise von Selektion vorgeschlagen.

System: Unter einem System wird eine Gesamtheit von Elementen verstanden, zwischen denen Beziehungen bestehen (Wikipedia, System, 2018).

Variation: Variation ist in der Theorie der Entstehung biologischer Arten ein zentraler Begriff und Voraussetzung dafür, dass die natürliche Selektion wirken kann. Er bezeichnet die Tatsache, dass es zwischen Individuen einer Art kleine Unterschiede gibt. Gäbe es keine Unterschiede zwischen den Individuen einer Art, würden zum Beispiel Umwelteinflüsse nur eine Reduktion der Individuenzahl hervorrufen, jedoch keine natürliche Selektion im eigentlichen Sinne und damit keine weitere Entwicklung. In dieser Arbeit wird Variation ebenfalls als Voraussetzung gesehen, dass Selektion « greifen» kann. Variation wird allgemein als Unterschiedlichkeit von ähnlichen Objekten verstanden. Jedoch ist sozusagen naturgesetzlich vorgegeben, dass sich zwei Objekte in der Wirklichkeit oder in der bekannten Raumzeit nicht am selben Ort oder in derselben Lage befinden können. Daher sind mindestens diese minimalen Unterschiede zwischen Objekten gegeben. Sie bilden, so gesehen, eine minimale, durchwegs vorhandene Variation.

5 Vorgehen

Die angewendete Methode ist die des Vergleichens. Die gemachten Vergleiche und ihre Ergebnisse werden sprachlich gefasst und möglichst nachvollziehbar beschrieben. Die Ergebnisse sind vorwiegend qualitativ.

Um mehr Licht in die Entstehung von Ordnung zu bringen, wird zuerst der gut dokumentierte Fall der biologischen Artbildung (biologische Evolution) analysiert, mit dem Ziel, die ordnungsbildenden Wirkungen herauszuschälen.

Sodann wird untersucht, ob in einem anderen gut dokumentierten Fall der Entstehung von Ordnung, den wabenförmigen Zellen infolge von Abkühlungsprozessen, ähnliche ordnungsbildende Wirkungen wie im ersten Fall gefunden werden können.

Der dritte betrachtete Fall ist das digitale Modell eines zweidimensionalen geschlossenen Systems, in dem das dynamische Verhalten von bewegten Teilchen simuliert wird. Damit wird untersucht, ob auch bei grösster Vereinfachung ähnliche ordnungsbildende Wirkungen wie in den ersten beiden Fällen zu erkennen sind und ob sich unter diesen Umständen die entscheidenden Elemente herauskristallisieren lassen.

Aufgrund des Vergleichs dieser drei sehr unterschiedlichen Fälle wird versucht, Klarheit zu schaffen und die Frage nach der Entstehung von Ordnung zu beantworten.

Die gewonnene Interpretation der Entstehung von Ordnung wird an beispielhaften Fällen angewendet, um zu prüfen, ob sie kohärent ist.

Darauf aufbauend wird der Begriff Ordnung definiert und anhand von Beispielen angewendet.

6 Ergebnisse

6.1 Selektion als Konzept

6.1.1 Einleitung

Die Untersuchung von drei sehr verschiedenen Ordnungsprozessen hat gezeigt, dass in allen drei Fällen Anzeichen von Selektion vorhanden sind.

Untenstehend wird versucht, dies in jedem der betrachteten Fälle nachvollziehbar darzulegen.

6.1.2 Selektion im biologischen Ordnungsprozess

6.1.2.1 Ursachen der biologischen Artbildung

Viele Geologen waren schon Ende des 18. Jahrhunderts zum Schluss gekommen, dass die Erdoberfläche nicht immer gleich ausgesehen, sondern eine Entwicklung durchlaufen haben musste. Im frühen 19. Jahrhundert war es dann unter Forschern folglich ein Thema, ob die biologischen Arten ebenfalls eine Entstehungsgeschichte haben könnten oder ob sie unveränderlich seien.

Der Gedanke lag nahe, die biologischen Arten als Produkt einer Entwicklung anzusehen. Zu den ursächlichen Zusammenhängen gab es verschiedene Theorien, unter denen sich eine durchgesetzt hat, welche auf Variation und natürlicher Selektion beruht, wobei als Ursache für die Entstehung von Variation die Mutation angegeben wird. Sie wurde nicht widerlegt und gilt im Wesentlichen noch heute.

Mit der Publikation von Charles Robert Darwins Theorie im Jahr 1859 zu der Entstehung der Arten durch natürliche Zuchtwahl bereitete sich die Erkenntnis dieser Theorie immer weiter aus. Die Theorie zur Entstehung der Arten, genannt die «biologische Evolution», besteht aus verschiedenen Elementen. Sie werden hier in der Reihenfolge ihrer Entdeckung aufgelistet:

1. Thomas Robert Malthus erkannte und benannte die Tendenz zu einer Überproduktion von Nachkommen beim Menschen. Die Überproduktion wird im Verhältnis zu den verfügbaren Nahrungsmitteln gesehen. Es entsteht ein Bevölkerungswachstum, das den Zuwachs an verfügbaren Nahrungsmitteln übersteigt (Malthus, 1798).

2. Alfred Russel Wallace erkannte, dass dies auch bei Pflanzen und Tieren der Fall ist. Die auf den Menschen bezogene Erkenntnis von Malthus wurde von Wallace verallgemeinert und er nahm an, dass alle Lebewesen dazu tendieren, möglichst viele Nachkommen zu produzieren – zu viele für die vorhandenen Ressourcen (Darwin & Wallace, 1858).

3. Wallace beschrieb die Variation zwischen Individuen derselben Art und erkannte die Wichtigkeit von Variation für die Entstehung der Arten. Nur wenn die Individuen einer Art sich unterscheiden, kann eine „Auslese" stattfinden (Darwin & Wallace, 1858).

4. Wallace entdeckte und beschrieb das aus der Überproduktion folgende Wirkgefüge als „Kampf ums Dasein" und zeigte seine Auswirkungen auf die weniger angepassten Varianten und deren Fortpflanzungserfolg auf (Darwin & Wallace, 1858).

5. Charles R. Darwin gab diesem Mechanismus einen Namen, die natürliche Selektion. Und er stellte eine grosse Anzahl von Beispielen zusammen (Darwin, 1859).

6. Darwin machte sich Gedanken über die Ursachen der Variation und nannte den Mechanismus, welcher die Variation hervorbringt, Mutation (Darwin, 1859).

Der klassische Zusammenhang der Theorie der Artbildung präsentiert sich demnach wie folgt:

Die Entstehung einer Population von gleichartigen Individuen einer biologischen Art fusst auf einer Überproduktion von Individuen, auf der Produktion von Variabilität durch Mutation und auf der Wirkung der natürlichen Selektion.

Die Grundzüge dieser biologischen Artbildungstheorie wurden trotz zahlreicher Beobachtungen und Experimente nicht widerlegt und man geht davon aus, dass sie gelten.

Die Entdeckung epigenetischer Effekte, das heisst Änderungen an Genfunktionen, welche an die Tochterzellen weitergegeben werden, ohne dass die DNA Sequenz verändert wird, ändert daran grundsätzlich nichts.

Die einzelnen Faktoren der Artbildung sind inzwischen differenzierter erforscht und werden im Folgenden kurz beschrieben.

6.1.2.2 Ursachen der biologischen Variation aus heutiger Sicht

Grundsätzlich gibt es ohne Variation keine natürliche Selektion. Denn wo die Individuen nicht unterschiedlich sind, zeigt eine Auslese auch keine Wirkung. Dies ist aus heutiger Sicht kein wirkliches Problem, denn Variation kommt in der belebten Natur fast immer und überall vor. Gleichheit ist die Ausnahme. Dies war zu Zeiten von Wallace und Darwin nicht so klar erkennbar.

Beim Verständnis der Ursachen von Variation hat die Genetik Perspektiven eröffnet, welche zu Darwins Zeiten überhaupt nicht zugänglich waren. Die Gesetze der Vererbung und die DNA als Träger der Erbinformation waren dannzumal nicht entdeckt. Das Wort Mutation beschränkt sich heute in der Fachsprache auf die zufällige Veränderung des Erbguts. Für die Produktion von Variation werden heute zusätzlich auch die Kombination von Erbgut (zum Beispiel bei der sexuellen Fortpflanzung), Fehler bei der Transkription, Kombination von ganzen Erbgutabschnitten und sogar die Kombination von ganzen Organismen in Betracht gezogen (Beispiel: Mitochondrien könnten ursprünglich eigenständige Organismen gewesen sein, die dann bleibend in Zellen „eingewandert" sind (Wikipedia, Endosymbiontentheorie, 2018)). Allfällige epigenetische Effekte stellen weitere Mechanismen dar, die Variation produzieren.

Unter den Ursachen für die Entstehung von biologischer Variation ist daher die spontane Veränderung des Erbguts, die Mutation im heutigen Sinn, nur noch eine von vielen.

6.1.2.3 Natürliche Selektion aus heutiger Sicht

Es bleibt bis heute eine schwierige Aufgabe, aus einer Population von unterscheidbaren Individuen derselben Art (Variation) die Abspaltung und Bildung einer neuen Art in der Natur zu beobachten und sie zweifelsfrei auf die Wirkung von natürlicher Selektion zurückzuführen. Eine Arbeit in dieser Richtung haben die Forscher geleistet, welche die Entwicklungen der Bunt-Barscharten im Viktoriasee in den letzten 15'000 Jahren beschrieben haben (Meier, et al., 2017).

6.1.2.4 Ursachen der natürlichen Selektion: eine weiterführende Analyse

Bei der natürlichen Selektion ist der Ausgangspunkt der Betrachtung ein Zustand, bei dem verschiedene Individuen (Varianten) einer Art untereinander und mit der Umwelt in Konflikt kommen. Dieser Zustand entsteht zum Beispiel, wenn im Verhältnis zu den in der Umwelt zur Verfügung stehenden Ressourcen zu viele Nachkommen produziert werden. Es ist der Zustand, den Wallace wie zuvor erwähnt als Kampf ums Dasein beschrieb und welcher Auswirkungen auf die weniger angepassten Varianten und deren Fortpflanzungserfolg hat.

Was geschieht dann? Es geschehen Zusammenstösse dieser Individuen untereinander und mit der Umwelt. Diese «Kollisionen» haben den Tod zur Folge oder aber einen Teil-Schaden mit oder ohne Richtungsänderung oder keinen Schaden, aber eine Änderung der Bewegungsrichtung.

Sind die Kollisionen zufällig, haben sie keinen systematischen Einfluss darauf, welche Individuen oder Varianten (Individuen mit einer bestimmten Ausprägung einer oder mehrerer Eigenschaften) unversehrt bleiben und welche einen Schaden erleiden. Es kann daher sein, dass besser angepasste Varianten zufällig verschwinden und weniger gut angepasste zufällig im Spiel bleiben.

Stehen die Kollisionen aber in ursächlichem Zusammenhang mit Eigenschaften des Individuums, das heisst, wenn sie nicht ganz zufällig sind, haben sie einen Einfluss darauf, welche Varianten unversehrt bleiben. Die häufig kollidierenden und unter den Folgen leidenden Varianten verschwinden tendenziell, die kollisionsvermeidenden und kollisionsresistenten bleiben tendenziell weniger beschädigt im Spiel.

In Wirklichkeit besteht ein Gemisch von rein zufälligen Kollisionen und von Kollisionen, die nicht ganz zufällig sind und sogar von solchen, die notwendigerweise erfolgen. Ihnen ist jedes Individuum einer Population ausgesetzt. Nach einer gewissen Dauer ist das Resultat dieser Kollisionen in der Population sichtbar, wenn wir von der Reproduktion und von Zu- und Abwanderung einmal absehen. Die Anzahl gleichaltriger Individuen ist geschrumpft und auch die Zusammensetzung der Population bezüglich der Varianten kann sich verändert haben.

Wenn, wie wir bereits zuvor angenommen haben, Variation vorhanden ist, können wir die natürliche Selektion als eine Folge davon sehen, dass Kollisionen geschehen. Wir können auch den Standpunkt wechseln und den Sachverhalt anders ausdrücken: Die Ursachen der natürlichen Selektion sind Kollisionen der Individuen mit anderen Individuen oder mit der Umwelt.

Beziehen wir nun die Reproduktion in die Betrachtung mit ein. Sie erhöht die Anzahl Individuen und ersetzt so die durch den Tod verlorenen gegangenen Individuen. Die überlebenden Individuen produzieren ihre eigenen Nachkommen. Es ist nicht so, dass der Nachschub an Individuen in einer unabhängigen Fabrik produziert wird und weiterhin alle Varianten mit gleichbleibender Anzahl Individuen erscheinen, nein. Die Population der wenig beschädigten Individuen produziert die nächste Generation. Die verschwundenen Varianten sind nicht mehr dabei. Die Total-Beschädigten (zerstörten, getöteten) Varianten erscheinen nicht mehr. Dieses neue Variantenspektrum ist dann die Ausgangssituation für die erneuten Kollisionen der Individuen unter einander oder mit der Umwelt. Die Reproduktion enthält also gewissermassen das Selektionsresultat der Vorgängergeneration. Wenn man Generationen überblickt, handelt es sich bei der Reproduktion um einen Mechanismus, der Varianten produziert und zudem das Selektionsergebnis an die nächste Generation weitergibt.

Für die weitere Betrachtung ist der oben erstellte Zusammenhang zwischen Kollision und Selektion wichtig.

6.1.2.5 Unterscheidung zwischen Selektion und natürlicher Selektion

Der Faktor Reproduktion wird bei der folgenden Betrachtung, bei der es um die Entwicklung einer allgemeingültigen Interpretation von Ordnungsvorgängen geht, nicht weiter hinzugezogen. Grund für diese Entscheidung ist, dass die Reproduktion zwar das Selektionsergebnis an die nächste Generation weitergibt und Variation produziert, nicht aber die Hauptursache der Selektion darstellt. Folglich kann auch im nachfolgenden Text nicht von natürlicher Selektion, die mit der Reproduktion untrennbar verbunden ist, sondern nur von Selektion gesprochen werden.

6.1.2.6 Das hier verwendete Konzept der Selektion

Wichtiges Ergebnis aus der Betrachtung der biologischen Artbildung ist die Erkenntnis, dass aus **Kollisionen eine Selektion** resultiert. In diesem Kontext beschreibt das Wort Selektion den Vorgang, welcher bei einer betrachteten Gruppe von Objekten zu einer *ungleichen* Verteilung in einer Bezugsumgebung führt. Bezugsumgebung können Raumpunkte, Zeitpunkte, Anzahlen, Merkmale, physikalische Grössen oder andere Kategorien sein. Dies ist das hier verwendete Konzept der Selektion.

6.1.3 Selektion bei der Entstehung von Wabenstrukturen

6.1.3.1 Einleitung

Aus der Analyse des biologischen Ordnungsprozesses wurde das oben beschriebene Konzept der Selektion gewonnen. Es wird im Folgenden bei der Betrachtung der Entstehung von Wabenstrukturen angewendet.

6.1.3.2 Wabenstrukturen auf verschiedenen Ebenen

Wabenstrukturen gibt es in der belebten und unbelebten Welt. Die Waben der belebten Welt wie beispielsweise Bienenwaben sind nicht Gegenstand der vorliegenden Betrachtung. Hier geht es um Waben, die durch physikalische Prozesse entstehen. Präziser ausgedrückt sind es so verschiedenartige Phänomene wie wabenförmige Steinsäulen, die durch Abkühlungsprozesse in Vulkankaminen entstanden sind, wabenförmige Strukturen an der Erdoberfläche in ausgetrockneten Gebieten, entsprechende Wolkenstrukturen in der Atmosphäre, Granulation auf der Sonnenoberfläche, Konvektionen in Erdmantel und Ozeanen sowie wabenförmige Strukturen, die bei der Erhitzung öliger Flüssigkeiten auftreten können (Abbildung 1).

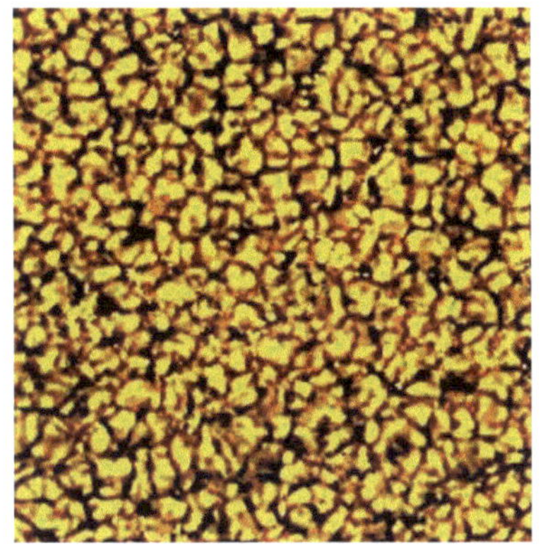

Sonnenoberfläche

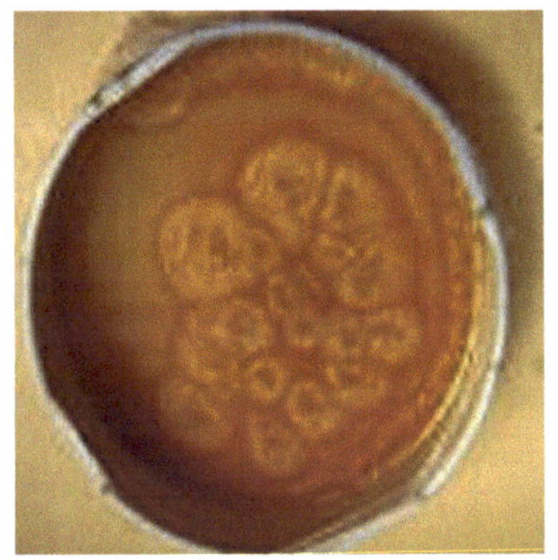

Flüssigkeit

Boden

Basaltsäulen

Abbildung 1: Beispiele wabenförmiger Strukturen, Sonnenoberfläche (Wikipedia, Rayleigh-Bénard-Konvektion, 2017), Flüssigkeit (Wikipedia, Rayleigh-Bénard-Konvektion, 2017), Boden (Porto Santo,
Foto des Autors), Basaltsäulen(Porto Santo, Foto des Autors).

Die letzteren werden nach ihrem Entdecker Bénard-Zellen genannt, sind gut untersucht und eignen sich daher für eine nähere Betrachtung.

6.1.3.3 Wabenstrukturen in einer Flüssigkeit

In einem Gefäss gefüllt mit einer bestimmten Flüssigkeit oder einem Gas, können unter Zufuhr von Hitze geordnete Bewegungen, eben Bénard-Zellen, entstehen. Diese sind das Anschauungsmodell für ein offenes dynamisches System, dem Energie zugefügt wird. Es kann von einem Fliessgleichgewicht, in dem sich die einzelnen Moleküle auf unvorhersehbare Weise bewegen, durch Energiezufuhr in ein Fliessgleichgewicht «Ordnung» überführt werden. In diesem Zustand bewegen sich die Moleküle entlang von Bahnen, so dass zellenartige Strukturen sichtbar werden (vgl. Abb. 1, Flüssigkeit).

Die sich bewegenden einzelnen Moleküle der Flüssigkeit kollidieren untereinander und mit der Gefässwand. Die Kollisionen bewirken unter den Versuchsbedingungen der Bénard-Zellen keine Zerstörung des Moleküls. Die Anzahl der Teile bleibt also etwa gleich.

Unter bestimmten Versuchsbedingungen entstehen immer Zellen. Dass Zellen entstehen, ist vorhersagbar. Die detaillierte Ausprägung der Anordnung dieser Zellen ist jedoch mit jedem Versuch anders und vom Zufall abhängig. Verringert man die Energiezufuhr, verschwinden die Zellen wieder. Erhöht man die Energiezufuhr wieder, entstehen erneut Zellen, erhöht man weiter, verschwinden sie wieder und bei hoher Energiezufuhr entsteht ein sich ständig änderndes unregelmässiges Muster, hervorgerufen durch ungeordnete Konvektionsströme.

6.1.3.4 Die Entstehung der senkrechten «Säulen»-Struktur bei Waben

Die Kollisionen untereinander und mit der Wand haben unter gewissen Bedingungen eine Wirkung auf die Teilchen-Bahnen. Bei einer gegebenen Energiezufuhr stellt sich ein energetisch günstiger Zustand ein. Dies kann der Zustand der «zufälligen Bewegung» (Chaos) sein. Dabei sind alle Teilchen-Bahnen gleich wahrscheinlich und die Teilchen schwingen bevorzugt an Ort. Die Energie verteilt sich auf alle Freiheitsgrade, das heisst auf alle drei Dimensionen der räumlichen Bewegung gleichmässig. Bei einem höheren Niveau der Energiezufuhr verstärkt sich der Energiefluss zwischen warmen und kalten Regionen im Gefäss. Es kann ein Zustand entstehen, bei dem die Teilchen zusätzlich zur Wärme-Schwingung (Wärmeübertragungs-Bewegung) in eine Wärmetransport-Bewegung (Konvektion) geraten. Dabei sind dann nicht alle möglichen Teilchen-Bahnen gleich wahrscheinlich. Es kann so sein, dass Teilchen-Bahnen, die Wärme auf kürzestem Weg von einer untenliegenden wärmeren Fläche zu einer oberen kälteren Fläche transportieren, wahrscheinlicher eintreten, weil sie energetisch günstiger sind, als andere. Diese Bewegung von Molekülen wird gegen oben langsamer und, wenn die Gravitationskraft zu überwiegen beginnt, sinken die Teilchen wieder nach unten. Ein vertikaler «Kreislauf» installiert sich. Wenn viele Teilchen häufig ähnlichen Bahnen folgen, wird dies als Muster sichtbar. Man kann dieses Muster Ordnung nennen. Es handelt sich im Falle der Bénard-Zellen aus der Sicht der Selektion um die «Ausrichtung» der Teilchenbahnen infolge des gerichteten Wärmegradienten und der Gravitation.

Etwas detaillierter kann man sich dies etwa so vorstellen: Die anfangs chaotisch bewegten Teilchen werden von gerichtet bewegten Teilchen angestossen, die sich aus dem Bereich der Wärmequelle mit hohem Druck weg in Richtung kältere Region mit tieferem Druck bewegen. Es entstehen viele solcher Stösse, mit einer bevorzugten Richtung. Genau in entgegengesetzter Richtung wirkt die Gravitation. Physikalisch gesehen ist eine Ausrichtung der Teilchenbahnen in die vertikale Richtung entlang des Druck- und Wärmegradienten sowie entgegengesetzt aufgrund der Gravitationskraft die Folge. «Ordnungstechnisch» gesehen handelt es sich um Kräfte, welche so auf die Teilchen wirken, dass eine Abweichung von der Gleichverteilung der Bewegungs-Richtungen entsteht. Vertikale Richtungen sind häufig, andere selten. Im Vergleich zu den denkbaren Bahnen und ihrer ähnlichen Häufigkeit entsteht eine «Ungleichverteilung»: Einige wenige Bahnen sind häufig, viele andere Bahnen sind selten. Das Resultat ist, dass über alle Teilchen gesehen eine neue Verteilung der Teilchenrichtungen in der Flüssigkeit entsteht. Optisch führen die vielen Teilchen, welche sich ähnlich bewegen, zur Wahrnehmung von Ordnung.

6.1.3.5 Die Entstehung der annähernd «sechseckigen» Form

Unter dem Einfluss eines Wärmestroms und der Gravitation findet eine Selektion der Bewegungsrichtung der Teilchen statt, sie bewegen sich bevorzugt in der Senkrechten von unten nach oben und von oben nach unten, was die Entstehung von säulenartigen oder tunnelartigen Strukturen erklärt. Dass diese Säulen dann eine wabenartige Form annehmen, ist die Folge weiterer Selektionsprozesse, welche alle auf die Bewegungsrichtung der Teilchen wirken. Es sind jene Säulen am stabilsten, welche den grössten Winkel zwischen den Seiten aufweisen und am wenigsten «tote Räume» zwischen den Säulen zulassen (Nordmeier, 2016). Die Querschnitte dieser Säulen sind daher im idealen Fall gleichgrosse Sechsecke. Diese überdauern unter der selektiven Wirkung der Kräfte. Der Selektionsprozess kann auch zur Erklärung der Häufungen von ähnlich grossen und ähnlich geformten Vielecken von erstarrtem Magma, so genannten Basaltsäulen, herangezogen werden oder für die Entstehung von ähnlich grossen, ähnlich geformten und von Rissen begrenzten Flächen in der Oberfläche von trocknender Erde.

6.1.3.6 Das Konzept der Selektion bei der Entstehung von Wabenstrukturen

Im Gegensatz zur Selektion bei der biologischen Ordnung sind die Kollisionen hier für die Individuen weit weniger gravierend. Die Teilchen werden nicht zerstört oder beschädigt. Aber ihre Geschwindigkeit und die Bewegungsrichtung werden verändert. Wichtiges Ergebnis dieser Betrachtungen der Selektion in offenen Systemen ist die Erkenntnis, dass die bei den Kollisionen der Teilchen untereinander und mit der Gefässwand wirkenden Kräfte zu einer Selektion der Bewegungsrichtungen der Teilchen führen kann.

6.1.4 Selektion im geschlossenen System

6.1.4.1 Einleitung

Mit der Absicht, die oben dargelegten qualitativen Erkenntnisse zur Selektion und zu den Kollisionen zu präzisieren, wurde versucht, anhand einer Modellvorstellung das Wesentliche noch präziser herauszuschälen.

6.1.4.2 Eine Simulation

Betrachtet wird ein zweidimensionales geschlossenes System mit einem idealen «Gas». Das geschlossene, isolierte Gefäss, in dem sich das Gas befindet, hat folgende Form (Abbildung 2):

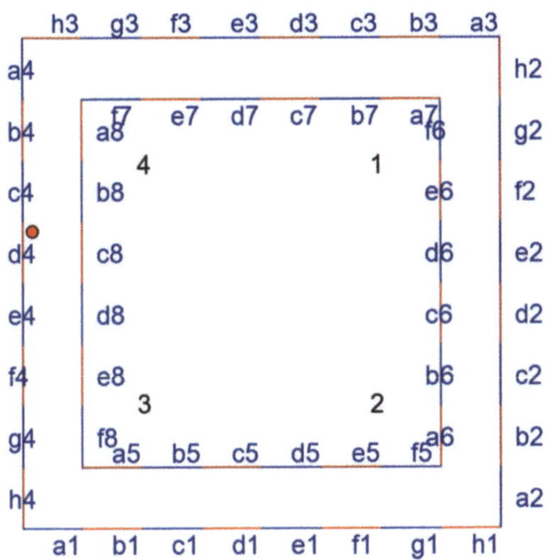

Abbildung 2: Struktur 1, das oder die Teilchen (roter Punkt) bewegen sich in der Fläche der Umrandung, die Fläche in der Mitte enthält nichts.

Dabei ist die Dichte des Gases so klein, dass die Interaktion der Teilchen untereinander vernachlässigbar ist. Es kommen kaum Kollisionen zwischen den Teilchen vor. Es handelt sich also eher um ein dynamisches System, als um ein thermodynamisches. Der Drehimpuls wird nicht berücksichtigt, ebenso andere unterschiedliche Eigenschaften der Teilchen. Es gibt keine zu berücksichtigende Gravitation. Die Teilchen haben einen Impuls, das heisst eine Masse (proportional zur messbaren Teilchengrösse), ein Tempo (Betrag der Geschwindigkeit) und eine Bewegungsrichtung. Es gibt eine Verteilung der Tempi auf die Teilchen und eine Verteilung der Richtungen auf die Teilchen. Entsprechend den zwei Raumachsen gibt es zwei Freiheitsgrade für die Bewegung der Teilchen. Die Energie ist auf alle Freiheitsgrade gleichmässig verteilt. Die Stösse der Teilchen mit den Wänden sind elastisch. Es ist dies der Referenzzustand mit der Struktur 1.

Mit diesem Referenzzustand wird ein Zustand mit der Struktur 2 verglichen. Bei dieser Struktur 2 haben die Ecken eine asymmetrische Form (Abbildung 3).

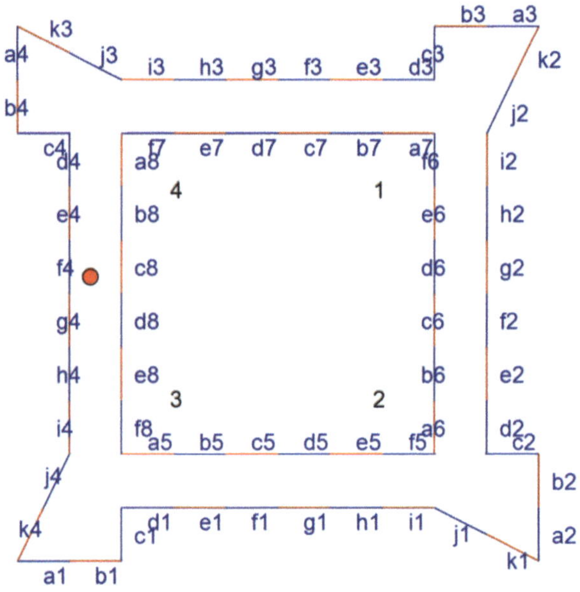

Abbildung 3: Struktur 2, die Umrandung enthält das oder die Teilchen (roter Punkt).

Es wird beobachtet, wie die Teilchen sich in den jeweiligen Gefässen verhalten und ob eine Selektion festgestellt werden kann. Dazu werden die Kollisionen der Teilchen mit der Gefässwand gezählt. Die Gefässwand oder Struktur ist in gleich lange Abschnitte aufgeteilt. Jeder Abschnitt ist mit einem Zähler versehen. Diese Zählabschnitte sind individuell gekennzeichnet, zum Beispiel mit a1 oder k2. Um sicherzugehen, dass Kollisionen von Teilchen untereinander das Ergebnis nicht verfälschen, wurde der Vergleich zuerst mit einem einzelnen Teilchen durchgeführt. Die Simulation basiert auf dem zweidimensionalen Modell von Vedenev, das für die Versuche angepasst wurde (Vedenev, 2016). Die Simulation mit einem einzelnen Teilchen und später mit mehr Teilchen ergab, dass je nach Form des geschlossenen Systems eine andere Verteilung der Kollisionen entsteht. Der Gesamtimpuls des Systems bleibt unverändert. Der Effekt ist klein, aber vorhanden. Die gefundene Verteilung lässt sich für die beiden Strukturen 1 und 2 wie folgt darstellen (Abbildung 4):

Abbildung 4 (folgende Seite): Die Anzahl der Kollisionen pro Abschnitt in Struktur 1 (oben) im Vergleich zu jenen der Struktur 2 (unten). Anzahl Kollisionen auf der x-Achse, Abschnitte der Struktur auf der y-Achse. Die originalen Abbildungen mit lesbaren Abschnittsbezeichnungen befinden sich im Anhang.

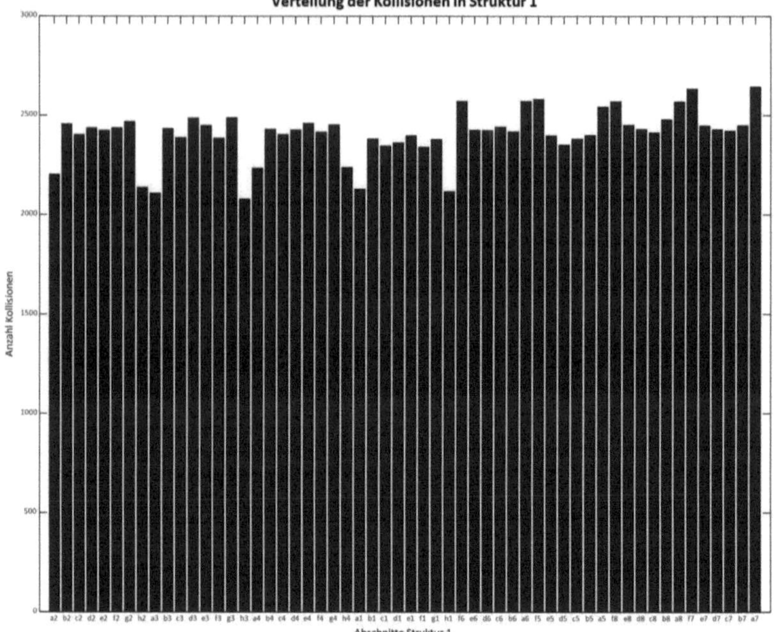

Verteilung der Kollisionen in Struktur 1
Anzahl Kollisionen
Abschnitte Struktur 1

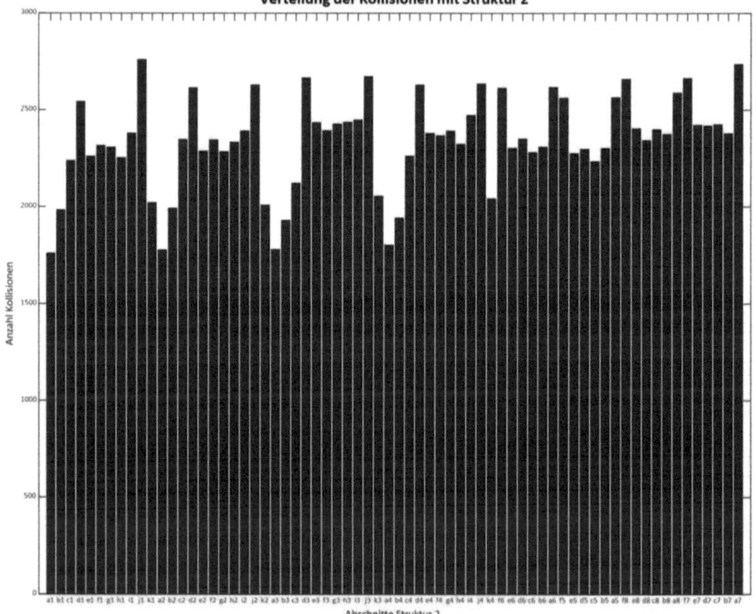

Verteilung der Kollisionen mit Struktur 2
Anzahl Kollisionen
Abschnitte Struktur 2

In der Struktur 1 gemäss Abbildung 2 kollidiert das Teilchen etwa 10% seltener mit den Abschnitten a1, a2, a3, a4 sowie h1, h2, h3 und h4 als mit den meisten anderen Abschnitten. In der Struktur 2 gemäss Abbildung 2 kollidiert das Teilchen mehr als 20% seltener mit den Abschnitten a1, a2, a3 und a4 als mit den meisten andern Abschnitten. Zudem kollidierte es mehr als 10% häufiger mit den Abschnitten d1, d2, d3, d4 sowie j1, j2, j3 und j4 als mit den meisten anderen Abschnitten.

Die Ergebnisse sind relativ robust gegenüber den Grössenverhältnissen zwischen Teilchen und Struktur (die Teilchengrösse ist in der Simulation wählbar) sowie gegenüber der Anfangsgeschwindigkeit der Teilchen. Bei Wiederholungen sind immer die gleichen Abschnitte auffällig. Der Effekt wird weniger gut sichtbar, je mehr Teilchen im Spiel sind, das heisst je mehr Kollisionen zwischen den Teilchen geschehen. Die dadurch hervorgerufenen Geschwindigkeits- und Richtungsänderungen überlagern dann die hier sichtbare Wirkung. Die unterschiedliche Verteilung der Kollisionen lässt folgenden Schluss zu: Die Form der Grenzen eines geschlossenen Systems hat eine messbare Wirkung auf bewegte Teilchen. Die einzige Eigenschaft, die in dieser Simulation durch die Kollisionen verändert wird, ist die Bewegungsrichtung der Teilchen. Also übt die Form eine selektive Wirkung auf die Bewegungsrichtung der Teilchen aus.

Wichtiges Ergebnis dieser Betrachtungen der Selektion im geschlossenen System ist folgende Erkenntnis: **In einem**

geschlossenen System mit bewegten Teilchen können diese nicht-zufällig verteilt sein. Da der Effekt ohne Kollision von Teilchen untereinander entsteht, handelt es sich um einen dynamischen Effekt im geschlossenen System und nicht um ein Problem der Thermodynamik. Die Sätze der Thermodynamik werden eingehalten.

6.1.5 Zusammenfassung betreffend Selektion

Die Analyse der drei Beispiele Artbildung, Wabenbildung und Teilchenbewegung hat gezeigt, dass in jedem eine Art Selektion zu finden ist.

Im ersten der drei Fälle sind die von der Selektion betroffenen Objekte biologische Organismen, beziehungsweise deren Merkmale. Im zweiten Fall sind es Konvektionszellen in einer Flüssigkeit und im dritten Fall sind es Kollisionen simulierter Gasteilchen mit ihrer Umgebung.

Im ersten Fall teilt Selektion eine vorhandene Population von Organismen auf. Sehr vereinfachend gesagt trennt Selektion die Population auf in lebende Merkmalsträger mit neutralen oder günstigen Merkmalen und verletzte oder tote Merkmalsträger mit neutralen oder ungünstigen Merkmalen. Im zweiten Fall werden Konvektionsströme getrennt in stabile und instabile. Im dritten Fall werden Bewegungsrichtungen getrennt in häufige und weniger häufige.

Die selektive Wirkung kann in diesen drei Fällen auf ähnliche Ursachen zurückgeführt werden: Es wirken Kräfte auf Objekte. Dieser einfache Zusammenhang erlaubt es, die Erkenntnisse aus den drei Beispielen verallgemeinert zu formulieren: Selektion ist ein Vorgang, bei dem Kräfte auf einzelne Obekte einer Gruppe derart wirken, dass eine ungleiche Verteilung der Objekte hinichtlich einer Bezugsumgebung entsteht.

Im einfachsten Fall wirken Kräfte so, dass der Aufenthaltsort der Objekte verändert wird und eine räumliche Häufung dieser Objekte entsteht, was in Abbildung 5 dargestellt ist.

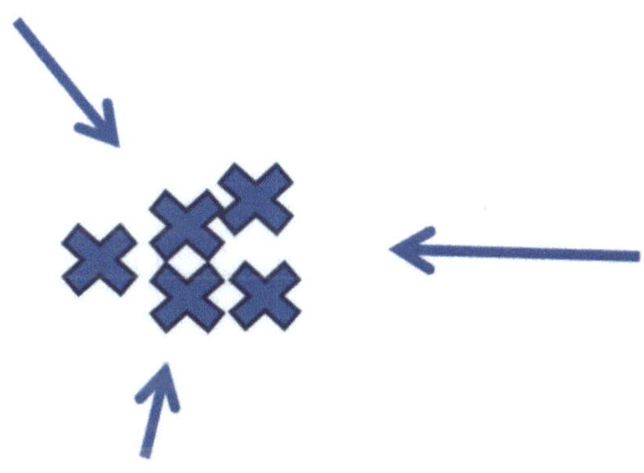

Abbildung 5: Kräfte bewirken eine räumliche Häufung von Objekten

6.2 Ungleichverteilung

6.2.1 Einleitung

Die bisherigen Ausführungen dienten dazu, anhand der drei analysierten Fälle das Konzept der Selektion zu klären. Doch was hat dieses Konzept mit Ordnung zu tun? Im Folgenden wird «die Ordnung» in den drei Fällen aufgezeigt und mit dem Konzept der Selektion verknüpft.

6.2.2 Häufung im Fall der biologischen Artbildung

Bei den Betrachtungen zur Selektion haben wir eine Population bestehend aus Individuen der gleichen biologischen Art zu Grunde gelegt. Wo ist nun die gesuchte Ordnung?

Eine Population kann als räumliche Anhäufung von ähnlichen Objekten (Individuen derselben Art) gesehen werden. Im Vergleich zur Verteilung in der weiteren Umgebung handelt es sich um eine Häufung von Individuen einer Art.

Betrachtet man nicht eine Population, sondern einen einzelnen biologischen Organismus, kann ebenfalls eine Häufung festgestellt werden. Bereits eine sehr undifferenzierte Sichtweise erlaubt es, einen Organismus als eine Anhäufung von Molekülen zu sehen, die in der Umgebung weniger konzentriert verteilt sind.

Häufung ist immer im Vergleich zur Verteilung in der Umgebung zu sehen. Sie ist relativ. Kann man in den anderen beiden Fällen ebenfalls ein derartiges Muster erkennen?

6.2.3 Häufung im Fall der Wabenbildung

Hier handelt es sich um gleichförmige, etwa gleich grosse Strukturen in grosser Zahl, die wir als Waben bezeichnen. Im Falle der Gesteinsformationen und Flüssigkeiten finden wir eine Anhäufung von Waben, die wir als Ordnung wahrnehmen. Auch diese Ordnung können wir als eine Häufung von ähnlichen Objekten im Vergleich zur Verteilung in der Umgebung lesen.

6.2.4 Häufung im Fall der Simulation mit Teilchen

In diesem Fall betrachten wir Ereignisse. Wir betrachten Kollisionen von Teilchen mit einer Struktur. Vergleichen wir die Verteilung der Kollisionen in verschiedenen Abschnitten der Struktur, sehen wir, dass sie nicht gleich verteilt sind. Es gibt Abschnitte, in denen Kollisionen klar gehäuft vorkommen und andere, in denen klar weniger Kollisionen vorkommen. Auch diese Ordnung können wir als eine Häufung von ähnlichen Objekten (hier Ereignissen, das heisst Kollisionen oder eben Nicht-Kollisionen) im Vergleich zur Verteilung in der Umgebung lesen.

6.2.5 Weitere Beispiele von Häufungen

Einige Beispiele sollen veranschaulichen, was hier unter Häufung verstanden wird. Eine Erzader im Gestein, sagen wir eine Goldader, ist eine Anhäufung von ähnlichen Atomen, den Gold-Atomen. Sie stellt hier eine Ausprägung von Ordnung dar. Eine «Elektronenwolke» ist eine Anhäufung von ähnlichen Teilchen, den Elektronen, und stellt in diesem Sinne eine Ausprägung von Ordnung dar. Ein Atom ist eine Anhäufung von Objekten wie Protonen, Neutronen und Elektronen und stellt so gesehen ebenfalls eine Ausprägung von Ordnung dar. Ein Planetensystem besteht aus einer Anhäufung von ähnlichen Himmelskörpern und stellt auch eine Häufung dar.

Weitere Beispiele von Häufungen mit Angaben zum Entstehungsvorgang sind unten aufgeführt. Die ursächlichen Kräfte setzen immer an einzelnen Objekten an.

Die *Schwemmebene* eines Flusslaufs in den Alpen kann als eine Anhäufung, eine Konzentration von Kiesel (ähnliche Objekte) interpretiert werden im Vergleich zur Verteilung von Kieseln in der Umgebung. Erosionskräfte lassen an felsigen Steilhängen Bruchstücke verschiedener Grössen entstehen. Die Gravitationskraft ist Ursache des verschiedenen Gewichts der Teile. Sie bewirkt zudem die unterschiedlichen Fliessgeschwindigkeiten des Wassers, je nach Steilheit des Geländes und Wassermenge. Reibungskräfte schleifen und «runden» die bewegten Teile, Flusskiesel entstehen. Leichte Teile werden weiter transportiert, schwere werden früher abgelagert. Feinanteile werden weiter geschwemmt, die ganz grossen Steinblöcke wenig bewegt und weiter oben abgelagert. Die grössen- und gewichtsmässig mittleren wurden dazwischen abgelagert. Es erfolgt eine Trennung nach Gewicht. Eine weitere Trennung erfolgt je nach Steilheit des Geländes und damit der Fliessgeschwindigkeit des Gewässers. In flachen Abschnitten wird mehr Geschiebe abgelagert, als in steilen.

Die *Kieshaufen* in einem einfachen Kieswerk können als eine Häufung von Kieseln einer bestimmten Grösse interpretiert werden im Vergleich zur Verteilung von Kieseln in der Umgebung. Gravitation und mechanische Stösse an einem Sieb sind die ursächlichen Kräfte. Durch die Gravitationskraft wird ein Gemisch aus Kieseln verschiedener Grösse bewegt, man lässt es zum Beispiel über ein schräg gestelltes Sieb dem Gefälle entlang hinunterkollern. Das Zusammenprallen des Gemischs mit dem Sieb sondert die zu groben Teile aus, sie kollern weiter, das Sieb lässt sie nicht hindurch. Es entstehen zwei Haufen, einer am Fuss des Siebs mit grösseren Kieseln, einer unter dem Sieb mit kleineren Kieseln, die durch das Sieb hindurchgefallen sind. Es hat eine Trennung (Filterung, Selektion) nach Korngrössen stattgefunden im Hinblick auf ihre Verwendung in der Bauindustrie.

Eine persönliche *Adressliste*, ob elektronisch oder nicht, kann als eine Häufung von Namen gesehen werden, zu denen wir eine Beziehung haben, im Vergleich zur

Verteilung von Namen der Menschen in unserer Umgebung. Die wirkenden Kräfte lückenlos aufzuzeigen dürfte schwierig sein. Wir fassen sie zusammen, und nennen die Resultierende der Einfachheit halber Bindungskraft, die uns mit jedem Namen verbindet. Die Liste beruht auf einer grossen Menge von Personen, denen wir in unserem Leben begegnen. Die Personen auf der Adressliste wurden von uns aus dieser grossen Menge ausgewählt oder die Umstände haben uns gezwungen, bestimmte Personen auf die Liste zu nehmen. Wie auch immer, es hat eine Filterung/Selektion stattgefunden.

Durch eine weitere Selektion, das Filtern einer Adressliste nach dem Alphabet der Namen, entsteht eine nach diesem Kriterium ausgerichtete, «gekämmte» Adressliste mit mehreren Häufungen, zum Beispiel von Namen mit Anfangsbuchstaben A, mit Anfangsbuchstaben B und so weiter.

Eine *Galaxie* ist eine Anhäufung von Sternen im Weltall, im Vergleich zur Verteilung in der Umgebung. Da Sterne eine grosse Masse haben, ist anzunehmen, dass es sich bei den ursächlichen Kräften um Gravitationskräfte sowie um Bewegungskräfte infolge des Urknalls handelt. Die physikalischen Kräfte beeinflussen die Bewegungsrichtung und den Betrag der Geschwindigkeit jedes Sterns so, dass eine Anhäufung entsteht und bestehen bleibt. Hinsichtlich der Bewegungsrichtung und -Geschwindigkeit der Sterne ist eine Selektion erfolgt.

Eine *Herde* von ähnlichen Tieren entspricht einer Anhäufung im Vergleich zur Verteilung der Tiere dieser Art in der weiteren Umgebung. Die Kräfte, welche eine derartige Anhäufung zur Folge haben, sind vielfältig. Es können Kälte, Wind, Futter, Nässe oder andere physikalische und biologische Gegebenheiten sein, welche ein Zusammenstehen der Individuen bewirken. Die physikalischen Kräfte beeinflussen die Bewegungsrichtung und den Betrag der Geschwindigkeit jedes Individuums so, dass eine Anhäufung entsteht und bestehen bleibt. Die Wirkung der Kräfte auf die Bewegung der Tiere ist insgesamt selektiv, so dass das Resultat ein Beisammenstehen und gemeinsames sich Fortbewegen ist.

Ein *Unternehmen*, das heisst eine auf finanziellen Gewinn ausgerichtete Organisation, ist eine Anhäufung von qualifizierten Personen im Vergleich zur Verteilung dieser ähnlich qualifizierten Personen in der Umgebung. Die wirkenden Kräfte sind das Streben nach Ertrag, welcher den Aufwand lohnt. Im selektiv wirkenden Anstellungsverfahren werden die Anforderungen des Unternehmens an die Personen verglichen mit den Fähigkeiten der Personen.

Eine *politische Partei* oder *Nicht-Regierungsorganisation* ist eine Anhäufung von Personen mit ähnlichen Antworten auf politische Fragen im Vergleich zur Verteilung dieser Personen in der Umgebung. Die wirkenden Kräfte sind das Streben, einer Ansicht Gewicht zu verschaffen. In einem freien Land wirkt im Idealfall der Vergleich jedes

Einzelnen zwischen seinen Ansichten und den zur Verfügung stehenden Parteiprogrammen oder NGOs selektiv.

Ein *Rechtsraum*, wie beispielsweise ein Nationalstaat, ist eine Anhäufung von Personen, die unter demselben Recht geboren worden sind im Vergleich zur Verteilung aller anderen Personen in der Umgebung. Ursache dafür ist die Wirkung des geltenden Rechts. Das geltende Gesetz enthält Kriterien, welche Personen in zugehörige und nichtzugehörige trennt. Diese werden bei der Registrierung einer Geburt oder bei der Einbürgerung angewandt und wirken selektiv.

Eine *Schulklasse* ist eine Häufung von Personen ähnlichen Alters und ähnlicher Kompetenzen im Vergleich zu ihrer Verteilung in der Umgebung. Ursache ist die Wirkung der geltenden Regeln zum obligatorischen Schulbesuch. Die Anwendung von Schulreglement und Promotionskriterien wirken selektiv.

6.2.6 Häufung und relative Konzentration

Im Bereich der Wirtschaft ist es üblich, Häufungen als relative Konzentration zu bezeichnen. Betrachtete Beispiele sind etwa landwirtschaftliche Flächen, Umsatz oder Einkommen. Bei der relativen Konzentration ist ein grosser Anteil der Stückzahl eines vorhandenen Merkmals auf einen kleinen Teil der Merkmalsträger verteilt. Um die relative Konzentration zu messen, gibt es statistische Ansätze (Kück, 2005).

6.2.7 Häufung als Ungleichverteilung

Häufung, so wie der Begriff hier verwendet wird, bedeutet Ansammlung oder Ballung von Objekten oder deren häufiges Vorkommen. Der Begriff Ungleichverteilung bezeichnet dagegen umgangssprachlich eine nicht gleichmässige Verteilung. Hier wird der Begriff als Synonym für eine Häufung verwendet. Der Begriff Ungleichverteilung hat den Vorteil gegenüber dem Begriff Häufung, dass er auf eine Abweichung von einer Gleichverteilung hinweist. Das ist im Folgenden wichtig, da der Begriff Gleichverteilung neben der umgangssprachlichen auch eine mathematische Bedeutung hat, nämlich die der Zufallsverteilung. Und diese mathematische Bedeutung weist mehr auf die Entstehung der Verteilung hin, als auf ihr Aussehen.

6.2.8 Selektion als Ursache von Ungleichverteilung

Als Ursache von Häufung oder Ungleichverteilung wird Selektion angesehen. Denn durch den Vergleich der drei Beispiele von Kapitel 6.1 wurde sie als wirkende Ursache identifiziert. In diesem Sinne ist Häufung oder Ungleichverteilung die selektionsbedingte Form von Ordnung. Als ein weiteres anschauliches Beispiel kann ein Künstler dienen, welcher ein Mosaik erstellt. Er hat dafür einen grossen Vorrat an schwarzen und an weissen Steinen zur Verfügung. Er stellt ein Mosaik zusammen, das ein schwarzes Dreieck vor weissem Hintergrund darstellt. Dafür hat er die schwarzen Steine auf bestimmte Plätze gelegt und die weissen auch. Er ist bezüglich der Plätze und Farben selektiv vorgegangen.

6.3 Gleichverteilung

Die Fähigkeit der Mustererkennung ist ein Leistungsmerkmal der Wahrnehmung, unter anderem der menschlichen Wahrnehmung. Diese Fähigkeit bringt Ordnung in den zunächst chaotischen Strom der Sinneswahrnehmungen (Wikipedia, Mustererkennung, 2018). Für uns Menschen ist es nicht immer einfach, die Beziehung zwischen Verteilung und Ordnung zu erkennen. Unsere Wahrnehmung interpretiert nämlich nicht nur Ungleichverteilung als eine Form von Ordnung, sondern oft auch eine Gleichverteilung.

Gleichverteilung wird hier mit Zufallsverteilung gleichgesetzt. Es ist also nicht eine Bezeichnung für eine optisch gleichförmig erscheinende Verteilung, sondern eine Bezeichnung dafür, dass die Verteilung zufällig, das heisst ohne Präferenzen von Objekten oder Plätzen entstanden ist. Ein Beispiel dafür ist ein Mosaik ohne erkennbares Muster, das aus weissen und schwarzen Steinen besteht. Bei der Erstellung fand weder eine Bevorzugung von bestimmten Steinen noch von bestimmten Plätzen statt. Es wurde erstellt, «so wie es gerade kam» und das Ergebnis ist eine gesprenkelte Fläche mit weissen und schwarzen Steinen und auch mit Lücken. Auch wenn hie und da eine Ansammlung von schwarzen oder weissen Steinen oder Lücken erkennbar ist, handelt es sich aufgrund ihrer Entstehung um eine Gleichverteilung. Auch eine Blumenwiese oder ein Wald werden aus der Distanz als zufällige Verteilungen wahrgenommen. Auch hier besteht grob gesagt eine Verteilung ohne Präferenz.

Weitere Beispiele von Gleichverteilungen mit Angaben zum Entstehungsvorgang sind unten aufgeführt. Die ursächlichen Kräfte setzen immer an einzelnen Objekten an.

Die *Gewinner einer Zahlenlottoziehung* sind eine Anzahl zufällig verteilter Personen unter den Mitspielern. Ursache ist die mechanische oder elektronische Ziehung der Gewinnzahlen und die Identifikation der Gewinner. Die Anwendung des vorher festgelegten «Auslosungsmodus» garantiert die Zufallsverteilung.

Die *Farben von Kieseln* in einer Schwemmebene sind zufällig verteilt. Mechanische Kräfte verteilen die Kiesel. Die wirkenden Kräfte betreffen Fliessgeschwindigkeit und Kieselgewicht, nicht jedoch die Farbe.

Die Verteilung der *Kleiderfarben* von Personen in einem Kinosaal ist zufällig.

Es erfolgt eine Zuweisung von Plätzen an Personen. Die Zuweisung zu einem Platz erfolgt in der Reihenfolge der Reservierung oder Ankunft, unabhängig von der Farbe der Kleider.

6.4 Ordnung als Verteilung

6.4.1 Einleitung

Aufgrund der in Kapitel 6.3 gemachten Ausführungen ist es naheliegend, die beiden unterschiedlichen Verteilungen, Ungleichverteilung und Gleichverteilung, im Begriff Ordnung zusammenzufassen. Dabei ist nochmals darauf hinzuweisen, dass Ungleichverteilung und Gleichverteilung im vorliegenden Zusammenhang nicht die optische Wahrnehmung allein meinen, sondern die unterschiedliche Entstehung von Verteilungen bezeichnen: Selektion oder Zufall (Abbildung 6).

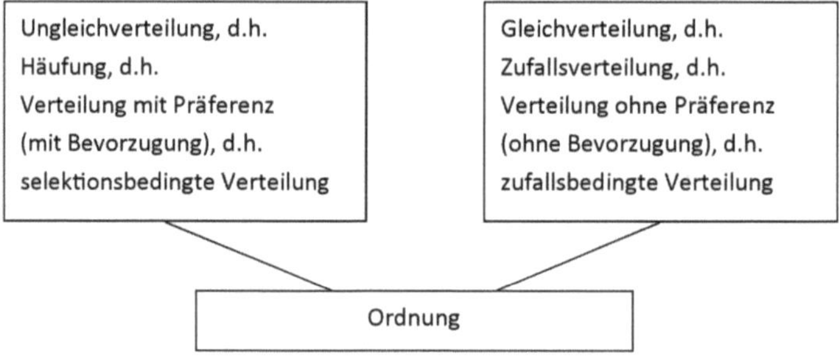

Abbildung 6: Zwei Typen von Ordnung und die unterschiedlichen Wege ihrer Entstehung

Um weiter Licht in die Angelegenheit zu bringen, wird vorerst nur die Entstehung einer einmaligen Verteilung näher betrachtet.

6.4.2 Einmalige Verteilung

Um auf wissenschaftliche Weise zu entscheiden, ob eine Verteilung zufällig oder selektionsbedingt entstanden ist, sind im Allgemeinen Wiederholungen nötig. Der Aspekt der Wiederholung wird in einem späteren Kapitel beleuchtet. Vorerst werden die grundlegenden Aspekte einer Verteilung anhand einer einmaligen Verteilung dargelegt.

Man kann die Beispiele aus den Kapiteln über Ungleichverteilung und Gleichverteilung so interpretieren, dass Ordnung eine Frage der Verteilung von Objekten ist. Ordnung kann als das Ergebnis einer Verteilung von Objekten gesehen werden (Abbildung 7).

Abbildung 7: Ordnung als Verteilung von Objekten

Verteilungen sind relativ und werden als Verhältnis zwischen den Plätzen und den zugeordneten Objekten wahrgenommen. Dies ist auch so, wenn die Plätze wie in Abbildung 7 nicht markiert sind, sondern unsere Wahrnehmung einen Hintergrund von potentiellen Plätzen vorgibt.

Was aber sind Plätze? Plätze sind voneinander unterscheidbare Objekte, wie mehrere Sitze in einem Kino, die zudem für den Beobachter einzeln identifizierbar sind, da sie an einem bestimmten Ort stehen, zum Beispiel in der dritten Reihe in der Mitte in einem Kinosaal. Plätze sind Objekte, die aus der Sicht des Beobachters zueinander in einer Beziehung stehen, zum Beispiel in einer räumlichen wie die Kinoplätze. Oder sie sind in einer zeitlichen Beziehung, wie die Plätze, die durch die Töne einer Melodie eingenommen werden können. Eine Menge von Elementen, die zueinander in einer Beziehung stehen, ist aber definitionsgemäss ein System (Wikipedia, System, 2018). Wir können daher sagen, Ordnung sei die «Verteilung» (das Resultat vom Vorgang «verteilen») von Objekten auf ein System. Mit anderen Worten ist Ordnung oder Verteilung eine Menge von Elementen (Objekte), die auf eine andere Menge von Elementen verteilt ist, wobei letztere untereinander in Beziehung stehen (Plätze).

Diese Interpretation von Ordnung kann in einem einfachen Modell zusammengefasst werden und wird im Folgenden veranschaulicht.

6.4.3 Modell einer einmaligen Verteilung

Man kann die obenstehende Interpretation von Ordnung als das Verteilungsmodell bezeichnen. Das Modell ist in

Abbildung 8 schematisch dargestellt. Es ermöglicht, wie in den folgenden Kapiteln dargelegt wird, die Begriffe Ordnung, Zufall und Selektion sowie weitere Begriffe wie Wachstum und Evolution plausibel miteinander zu verknüpfen und in Abhängigkeit voneinander zu verstehen.

Beim Verteilungsmodell handelt es sich auch um eine allgemeine Darstellung der Zuordnung von Elementen einer Menge zu den Elementen einer anderen Menge. Dieses Modell stellt den Zusammenhang zwischen den Zuordnungsregeln (Art des Verteilprozesses) und der Wahrscheinlichkeit des Auftretens eines bestimmten Zuordnungsresultats (bestimmte Verteilung, Ordnung) her.

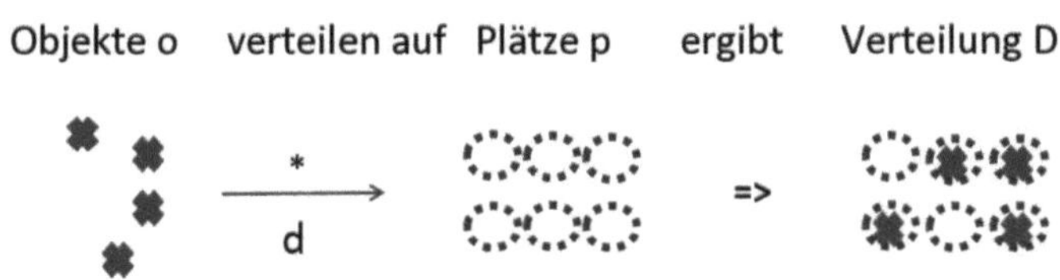

Abbildung 8: Schematische Darstellung des Verteilungsmodells

Objekte (o) verteilen (d) auf Plätze (p) ergibt (=>) eine Verteilung (D). Die Verteilung D wird als identisch mit dem Begriff Ordnung aufgefasst. Der Vorgang «verteilen d», wird im Weiteren als Verteilprozess bezeichnet. Er ist vom Resultat des Prozesses, also von der Verteilung oder Ordnung selbst, klar zu unterscheiden. Der Verteilprozess kann ohne Präferenz ablaufen, das heisst zufällig sein. Er kann aber auch mit Präferenz, das heisst mittels Selektion ablaufen. Der Verteilprozess kann aber auch eine Mischung aus beidem darstellen.

Das Resultat des Prozesses, die Verteilung selbst, hier auch Ordnung genannt, ist dann entweder eine Gleichverteilung (Zufallsverteilung) oder eine Ungleichverteilung (Häufung) oder eine Mischung aus beidem.

Untenstehend werden die einzelnen Elemente des Verteilungsmodells kurz erläutert.

6.4.3.1 Die Objekte

Der Begriff Objekt ist hier weitgefasst und ist alles das, was mir als wahrnehmendem Ich in der Aussenwelt aber auch in meiner Innenwelt gegenübersteht (Wikipedia, Gegenstand, abgeändert, 2018). Der hier gebrauchte Begriff Objekt ist kaum zu unterscheiden von den Begriffen Element und Gegenstand. Ein Objekt kann ein einzelner physikalischer oder der Vorstellung entsprungener Gegenstand, zum Beispiel ein Kiesel, ein Stern, ein Fantasiezeichen, ein Ton oder Buchstabe sein. Ein Objekt kann aber auch eine wahrgenommene oder vorgestellte Menge, zum Beispiel eine Herde von Büffeln, eine Population Hirschkäfer, die Autoflotte einer Firma oder die Finanzprodukte einer Bank, ein Computerprogramm oder eine Abfolge von Zeichen, Nukleinsäuren oder Buchstaben sein.

6.4.3.2 Die Plätze

Auch der Begriff Plätze ist hier weitgefasst. Es sind Objekte, die aus der Sicht des Beobachters zueinander in einer Beziehung stehen. Der Begriff, so wie er hier gebraucht wird, ähnelt den Begriffen System und Menge. Am intuitivsten fassbar ist die räumliche Beziehung. Stehen Objekte in einer räumlichen Beziehung, wie zum Beispiel viele Punkte, die eine Fläche bilden, können sie als Plätze aufgefasst werden. Aufeinanderfolgende Zeitpunkte, in denen Töne einer Melodie gespielt werden, sind Plätze. Ebenso sind die Punkte auf einer für Buchstaben vorgesehenen Linie Plätze. Auch Orte auf Chromosomen, auf denen bestimmte Gene vorkommen, sind Plätze. So gesehen entsprechen Plätze Punkten, die eine Bezugsumgebung bilden.

6.4.3.3 Die Verteilung

Ordnung ist laut dem Verteilungsmodell der Zustand, nach dem der Verteilprozess abgelaufen ist. Ordnung, auch Verteilung genannt, ist das Bild der auf den Plätzen verteilten Objekte. Sie kann auch als die Verteilung von Elementen in einem System oder in einer Menge gesehen werden. Verteilung ist, allgemein gesagt, das Verhältnis zwischen einer Gruppe von Objekten und den Punkten, die eine Bezugsumgebung bilden.

6.4.3.4 Der Verteilprozess

Als letzter Teil des Verteilungsmodells wird der Verteilprozess näher erläutert. Der Verteilprozess ist der Vorgang, mittels dem Objekte auf Plätze verteilt werden. Durch ihn entsteht eine einzelne Verteilung, das heisst Ordnung. Der Vorgang des Verteilens d (d von englisch to distribute) der Objekte o auf die Plätze p kann als Prozess gesehen werden. In der Natur läuft der Prozess im Rahmen der Naturgesetze ab. Der Verteilprozess kann durch das Aufeinandertreffen physikalischer Kräfte, zum Beispiel durch aufeinanderstossende Teilchen, durch die Wirkung eines Menschen oder durch das Programm einer Maschine erfolgen (die natürlich ebenfalls innerhalb der Naturgesetzte handeln). Der Verteilprozess verteilt oder ordnet zu und zwar nach bestimmten Regeln. Der Prozess ist gerichtet, erfolgt also von den Objekten zu den Plätzen (vgl. Anhang 1). Die Reihenfolge spielt also eine Rolle. Das Resultat ist die Verteilung D (von englisch Distribution) der Objekte o auf den Plätzen p.

Es hat sich im Verlauf der Arbeit herausgestellt, dass eine Vielzahl sehr unterschiedlicher Verteilprozesse existieren. Je nach Fall bewirkt der Verteilprozess eine unterschiedliche Behandlung von Objekten oder auch von Plätzen, d.h. er zeigt Präferenzen, oder er bewirkt eine Gleichbehandlung, d.h. er zeigt keine Präferenzen. Dieses unterschiedliche Wirken ist eine zentrale Eigenschaft des Verteilprozesses. In gewissen Fällen wirkt er auf eine grosse Menge nicht einzeln unterscheidbare Objekte, in anderen Fällen auf einzelne unterscheidbare Objekte und in noch anderen Fällen sogar auf einzelne unterscheidbare und individuell identifizierbare Objekte mit unterschiedlichen Merkmalen (vgl. Anhang 2). Die «Unterscheidungsfähigkeit» des Verteilprozesses ist klar abzugrenzen von jener des Beobachters. Dieser besitzt eine andere Unterscheidungsfähigkeit, die aber im beobachteten Verteilprozess keine Wirkung entfaltet.

Damit man sich unter dem Verteilprozess etwas vorstellen kann, wird er anhand der Ziehung eines Zahlenlottos veranschaulicht. Der Prozess wird mittels einer Maschine ausgeführt. Der Verteilprozess wählt Kugeln aus und platziert sie auf Plätze. Er kann die Kugeln als Objekte auseinanderhalten, aber keine Unterschiede zwischen den Kugeln feststellen. Er nimmt keine Nummern auf den Kugeln wahr. Für ihn sind alle gleich, er kann sie nicht einzeln identifizieren. Der Verteilprozess wählt durch einen Zufallsmechanismus eine Kugel aus und lässt sie auf den ersten Platz fallen. Das Gleiche geschieht mit der zweiten Kugel auf den nächsten Platz. Er ist ohne Präferenzen (ohne Bevorzugung) in Bezug auf die Kugeln selbst, er zieht zufällig Kugeln aus der vorhandenen Menge. Der Verteilprozess im Beispiel hat hingegen eine Präferenz in Bezug auf die Anzahl Kugeln, die er zieht. Er ist in dieser Hinsicht selektiv. Er ist auf 6 Ziehungen programmiert, dann hört er auf. Die entstandene Ziehung, 6 aus 42, ist aus der Sicht des Verteilprozesses ein Gemisch aus Zufall und Selektion.

Als weiteres Beispiel kann das Verteilen einer Flüssigkeit dienen. Der Verteilprozess kann kaum jedes einzelne Molekül der Flüssigkeit wahrnehmen oder sogar einzeln identifizieren. Er kann eher eine bestimmte Menge abmessen, zum Beispiel die Menge, die in einer Karaffe Platz hat und diese dann auf die Plätze, zum Beispiel Gläser auf einem Tisch, verteilen. Bei Schülern ist es hingegen eher möglich, sie zu unterscheiden und einzeln zu identifizieren, zum Beispiel aufgrund ihrer Namen. Sondert der Verteilprozess alle Schüler, deren Namen mit den Buchstaben A oder B beginnen aus, kommt das der Präferenz bezüglich eines Merkmals gleich.

Voraussetzung dafür, dass ein Verteilprozess eine Präferenz haben kann, ist, dass er Objekte oder Plätze oder ihre Menge oder Anzahl unterscheiden, das heisst voneinander trennen oder sogar einzeln identifizieren kann.

6.4.4 Wiederholte Verteilung oder dynamische Ordnung

6.4.4.1 Einleitung

In der Wirklichkeit wiederholen sich Verteilprozesse ständig. Jeden Tag drängen Leute in einen Kinosaal und verteilen sich auf die vorhandenen Plätze. Es ist nicht einfach einen Vorgang zu isolieren, der nur einmal abläuft, um ihn in Ruhe zu betrachten. Wiederholt man den Prozess des Zuordnens oder Verteilens, entstehen mit denselben Verteilregeln meistens verschiedene Ergebnisse, zumindest für den Betrachter. Ein Beispiel für die Wiederholung eines Verteilprozesses mit eindeutig vorhersehbarem Ergebnis ist der Kopiervorgang mittels Fotokopierer. Die Buchstaben auf dem Original werden bei jeder Wiederholung auf die Plätze eines Blattes Papier verteilt, immer gleich. Es gibt nur ein mögliches Ergebnis, aber das in grosser Zahl.

Als weiteres Beispiel kann hier wieder die Ziehung des Zahlenlottos dienen. Die Maschine zieht wöchentlich mehrmals 6 Kugeln aus 42. Die Zuordnung ist selektiv hinsichtlich der Anzahl (die Zuordnungsmaschine kennt die Anzahl 6). Ansonsten ist sie zufällig (die Maschine kann die verschiedenen Kugeln nicht voneinander unterscheiden). Aus der Sicht der Maschine gibt es nur ein unterscheidbares Resultat; 6 aus 42 Kugeln. Auch bei vielfacher Wiederholung gibt es immer dasselbe Resultat: 6 aus 42. Dieses Resultat tritt mit Sicherheit ein, es ist vorhersagbar, der Ausgang des Verteilungsvorgangs ist bestimmt. Aus der Sicht des Zuschauers sieht die Sache hingegen anders aus. Er kann im Gegensatz zur Maschine die gezogenen Kugeln einzeln unterscheiden, weil er die darauf gedruckten Zahlen unterscheiden kann. Für ihn gibt es eine riesige Anzahl von möglichen Ergebnissen, selbst wenn er nicht unterscheidet, in welcher Reihenfolge und auf welchem der 6 Plätze eine Zahl landet. Für den Betrachter ist die Anzahl der möglichen Ergebnisse gross, ein bestimmtes Ergebnis kann er fast nicht voraussagen, der Ausgang des Verteilungsvorgangs ist für ihn sehr unbestimmt.

Wiederholungen bringen im Allgemeinen verschiedene Ergebnisse, das heisst hier verschiedene Verteilungen der Objekte auf Plätze. Fasst man nach vielen Wiederholungen all die möglichen Ergebnisse zusammen, entsteht eine Menge der möglichen Ergebnisse (Ω) (Abbildung 9).

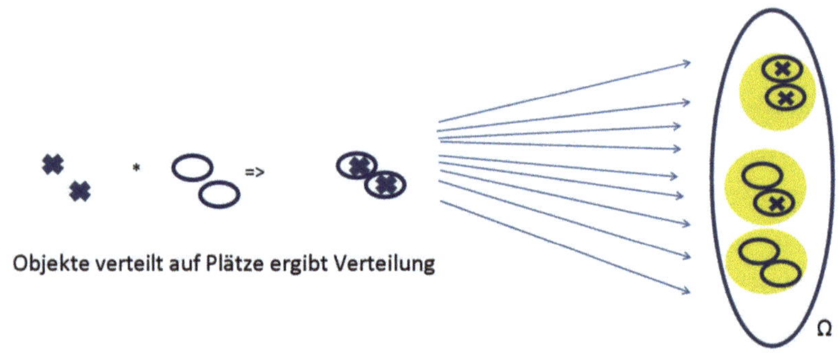

Abbildung 9: Schematische Darstellung eines Verteilungsvorgangs (Objekte verteilt auf Plätze ergibt Verteilung) mit Wiederholungen und der daraus folgenden Ergebnismenge der möglichen Verteilungen Ω.

Treten alle möglichen Ergebnisse bei genügend Wiederholungen der Verteilung gleich häufig auf, handelt es sich um eine Gleichverteilung.

Gibt es klare Unterschiede in der Häufigkeit der möglichen Ergebnisse, handelt es sich um eine Ungleichverteilung, das heisst um eine Häufung von einigen möglichen Ergebnissen. Mit einer Häufung der einen Verteilungsergebnisse geht die Seltenheit anderer Verteilungsergebnisse einher.

Streng genommen können wir nur durch Wiederholungen entscheiden, ob es sich bei der betrachteten Verteilung um eine Gleichverteilung oder eine Ungleichverteilung handelt. In Wirklichkeit ist Wiederholung aber nicht immer gegeben oder möglich zu beobachten. Dann verlassen wir uns auf unsere Erfahrung, um eine erste Unterscheidung vorzunehmen oder eine Hypothese aufzustellen. Die ersten Entdecker von steinzeitlichen Höhlenmalereien in Frankreich haben kaum gedacht, es handle sich um rein zufällig entstandene Formen und Farbverteilungen. Sie gingen davon aus, dass jemand die Formen und Farben selektiv auf die Höhlenwände aufgetragen hatte.

Nur genügend Wiederholungen eines Verteilungsprozesses führen letztlich zu statistisch gesicherter Unterscheidung zwischen Gleichverteilung und Ungleichverteilung (Häufung). Wird statistisch gesichert Ungleichverteilung festgestellt, bedeutet das mit der hier vertretenen Sichtweise zugleich, dass Selektion stattgefunden hat.

6.4.4.2 Beispiele von wiederholten Verteilprozessen

Ein Beispiel, um Wiederholung mit Gleichverteilung zu veranschaulichen, ist die Verteilung von Teilchen in einem geschlossenen thermodynamischen System. Eine Mo-

mentaufnahme zeigt jedes Teilchen an einem bestimmten
Ort mit seiner momentanen Bewegungsrichtung und dem
Betrag seiner momentanen Geschwindigkeit. Eine solche
Momentaufnahme entspricht in der statistischen Mechanik
einem Mikrozustand des Systems. Der Makrozustand ist
im Gegensatz dazu charakterisiert mittels Durchschnitts-
parameter wie Temperatur und Druck.

Bei der Betrachtung der Mikrozustände stellen wir fest,
dass der Verteilprozess der Teilchen andauernd abläuft.
Man kann sich die Dynamik der Teilchen als eine Abfolge
von Verteilprozessen vorstellen. Jeder momentane Verteilprozess produziert ein bestimmtes Ergebnis, nämlich
eine Momentaufnahme des Aufenthaltsorts der Teilchen
mit den zugehörigen Impulsen – eben einen Mikrozustand.
Die vielen aufeinanderfolgenden Verteilprozesse produzieren also viele aufeinanderfolgende verschiedene Mikrozustände.

Allgemein wird angenommen, dass die Ergebnisse alle
gleich wahrscheinlich sind, dass also die einzelnen aufeinanderfolgenden Verteilprozesse nicht selektiv, sondern
zufällig sind und gleichartig ablaufen: In einem Moment
geschehen zahlreiche Kollisionen bewegter Teilchen untereinander und mit der Umgebung, so dass die Teilchen
im nächsten Moment neu verteilt sind. Man kann die
vielen möglichen Verteilungen zu einer Menge der möglichen Mikrozustände zusammenfassen. Die Anzahl der
möglichen Verteilungen, das heisst Ergebnisse, charakte-

risiert dann bei Gleichverteilung die Vorhersagbarkeit des Ergebnisses eines Verteilprozesses. Gibt es viele möglichen Ergebnisse, ist die Vorhersagbarkeit eines bestimmten Ergebnisses klein, das heisst seine Unvorhersagbarkeit gross. Eine konkrete Bedeutung hat die Anzahl der möglichen Mikrozustände in der statistischen Physik. Die logarithmische Funktion der Anzahl möglicher Mikrozustände eines thermodynamischen Systems trägt den Namen Entropie (Wikipedia, Entropie, 2018). Sie wird grösser, wenn die Anzahl möglicher Mikrozustände grösser wird. Das heisst vorliegend, wenn die Unbestimmtheit des Verteilprozesses wächst.

Der Fall der Ungleichverteilung wurde in der Informationstheorie thematisiert. Die Wahrscheinlichkeit eines Ereignisses (eine Zeichenfolge oder eine Folge von elektrischen Impulsen) wird mit seinem Informationsgehalt in Zusammenhang gebracht. Ein Ereignis entspricht laut der vorliegenden Betrachtung einem Verteilungsresultat, das heisst einer Verteilung von Zeichen auf Plätze. Bei Wiederholung des Verteilprozesses haben nicht alle möglichen Verteilungen von Zeichen die gleiche Eintrittswahrscheinlichkeit. Seltene Ereignisse haben laut der Informationstheorie einen höheren (strukturellen) Informationsgehalt als häufige. Ist die Eintrittswahrscheinlichkeit eines Ereignisses klein, ist sein (struktureller) Informationsgehalt gross, wenn es tatsächlich eintritt (Wikipedia, Informationsgehalt, 2018).

Bei wiederholten Verteilprozessen, ob zufälligen oder selektiven, kann es vorkommen, dass kein Ergebnis sichtbar ist. Erfolgt für eine Verteilung kein sichtbares Ergebnis, ist mit anderen Worten kein Objekt auf den verfügbaren Plätzen vorhanden, heisst das noch nicht, dass kein Verteilprozess stattgefunden hat. Jagd und Fischerei sind bei Tier und Mensch mit traditionellen Mitteln nicht immer erfolgreich. Mit anderen Worten bedeutet das oft: viele Versuche, wenige Treffer. In diesen Fällen enthält die Ergebnismenge nach vielen Wiederholungen immerhin zwei Elemente: «keine Beute» und «Beute». Beide haben eine Häufigkeit. Bei der Jagd einer unerfahrenen Hauskatze nach Vögeln beispielsweise gibt es viele Versuche, die ohne Beute enden und wenige Versuche, die mit Beute enden.

6.4.5 Veränderungen während dynamischen Verteilprozessen

6.4.5.1 Einleitung

Im vorausgehenden Kapitel wurden Wiederholungen von Verteilprozessen näher betrachtet. Dabei wurde stillschweigend davon ausgegangen, dass sich Elemente des Ordnungsvorgangs, wie die Objekte, der Verteilprozess und die Plätze, während den Wiederholungen nicht ändern.

Bei den meisten alltäglichen Ordnungsvorgängen, die wir

mit Hilfe des Verteilungsmodells analysieren können, ist dies aber nicht der Fall. Bei diesen verändert sich oft ein oder mehrere Teile des Vorgangs im Verlauf der Wiederholungen. Ändern können sich im Verteilmodell die Objekte inklusive ihrer Anzahl, der Verteilprozess oder die Plätze. Das hat natürlich einen Einfluss auf das Ergebnis (die Verteilung der Objekte auf den Plätzen) und die Anzahl der möglichen Ergebnisse sowie die Häufigkeiten, mit denen einzelne Ergebnisse auftauchen. Ursache für die Entstehung solcher Veränderungen sind im Verteilungsmodell die Variation zwischen den Objekten und die Selektion durch den Verteilprozess. Weiter Ausführungen zu diesen Ursachen befinden sich in Anhang 3. Spezielle Veränderungen während des Verteilprozesses können mit Begriffen wie Wachstum, Rückgang, Abbau oder Evolution charakterisiert werden.

6.4.5.2 Beispiele von Veränderungen während dynamischen Verteilprozessen

Bei der Verteilung von Materie im Weltraum kommt es zu örtlichen Häufungen von Materie. Die Veränderung betrifft die Menge von Masse, die Quantität, welche während der Verteilung lokal zunimmt. Bei der Verteilung von gelösten Salzen in Wasser auf der Erde kann es lokal zu einer Häufung dieser Moleküle kommen. Es handelt sich ebenfalls um eine quantitative Veränderung, nämlich eine fortgesetzte Erhöhung der Konzentration dieser Salze in Wasser.

Bei Ordnungsvorgängen, die wir unter dem Begriff Evolution zusammenfassen, verändern sich die Objekte im Verlauf des Ordnungsvorgangs. Individuen der Gattung Mensch haben beispielsweise seit dem Auftauchen der ersten menschenartigen Individuen Veränderungen am Skelett erfahren.

Auch bei einer Gleichverteilung können im Verlauf der Wiederholungen Änderungen eintreten. Beispiel dafür ist eine jährliche Verlosung des Holzes aus einem Burgerwald unter Mitgliedern einer Berggemeinde, deren Regeln sich im Verlauf der Zeit ändern. Ändern kann beispielsweise der Kreis der Los-Berechtigten (neu Einzelpersonen anstelle von vorher Familien), das Objekt der Verlosung (anstelle von Baumstämmen werden Holzscheite verlost) oder der Losprozess (neu können pro Person zwei Lose gezogen werden anstelle von einem).

Ein anderes Beispiel ist der menschliche Organismus. Damit seine Funktionen aufrechterhalten werden, muss wiederholt Nahrung aufgenommen werden. Man kann jede Nahrungsaufnahme als Verteilung von Molekülen auffassen. Beispielsweise werden dabei die Moleküle einer Banane in einem Verteilprozess neu verteilt. Die Banane wird mechanisch und chemisch zerkleinert. Die Nahrung ist abgebaut, die Moleküle sind neu verteilt. In einem weiteren Verteilprozess werden einige Moleküle aussortiert und im Körper eingebaut. Da diese Verteilprozesse täglich mehrmals wiederholt werden, kann es geschehen, dass die vielen eingebauten Moleküle zu einer Veränderung beim betroffenen Organismus führen. Vielleicht nimmt die Anzahl der im Organismus eingebauten Moleküle zu, was wir als Wachstum wahrnehmen - Wachstum an Gewicht.

Als Veränderungen an Objekten, die während wiederholter Verteilprozesse auftreten, können auch die Entwicklung von den stationären Dampfmaschinen zu den Lokomotiven, die Entwicklung von den Hängegleitern zu den Flugzeugen und Raketen, die Entwicklung von der Genossenschaft zur Aktiengesellschaft, die Entwicklung von der Magna Carta zu einer Verfassung, die Entwicklung lernfähiger Maschinen, Entstehung von Musikstücken und Entwicklung von Musikstilen, die biologische Artbildung und viele mehr interpretiert werden.

Ein weiteres Beispiel für das Wiederholen eines Verteilprozesses, der sich im Lauf der Zeit verändert hat, ist das Kopieren von Büchern. Dabei werden Buchstaben auf die Plätze eines leeren Papiers verteilt. Der Verteilprozess wurde früher von einem Menschen mit Hilfe eines Kiels und Tinte vorgenommen. Während langer Zeit wurden die Bücher von Schriftgelehrten abgeschrieben. Sie wiederholten den Prozess der Entstehung eines neuen Buches desselben Inhalts. Der Holztafeldruck und später der Druck mit beweglichen Typen brachte eine Veränderung. Mit dem Druck wurde es möglich, ein Buch gleichen Inhalts in kurzer Zeit in grosser Zahl herzustellen. Die

Buchstaben wurden schneller und präziser auf die Plätze verteilt. Mit der Digitalisierung veränderte sich der Verteilprozess nochmals. Anstatt dass die Buchstaben auf einem Papier angeordnet werden, werden sie nun in Form von Codes auf elektronische Speicherplätze verteilt. In weiteren Vorgängen werden sie von dort wieder zu Papier gebracht. Es entstand eine weitere Beschleunigung und Erhöhung der Präzision des Kopiervorgangs. Neu sind verschiedene Menschen mit verschiedenen Fähigkeiten am Verteilprozess beteiligt, aber die meisten Tätigkeiten werden von Maschinen ausgeführt, die ihrerseits von Menschen und Maschinen hergestellt und programmiert wurden.

Betrachtet man die Welt aus der Sicht des Verteilmodells, besteht sie vorwiegend aus Ordnungsvorgängen, die sich im Verlauf der Zeit ändern. Ändert sich eine Anzahl, sprechen wir von Wachstum oder Rückgang. Ändern sich qualitative Aspekte sprechen wir von Entwicklung, Evolution oder Degeneration, Fortschritt oder Rückschritt.

6.4.6 Veränderungsrichtungen

Wie oben dargelegt, ereignen sich oft Veränderungen während der Wiederholung von Ordnungsvorgängen. Betrachtet man diese Veränderungen, kann in gewissen Fällen eine Veränderungsrichtung festgestellt werden. Begriffe wie Aufbau, Abbau, Entwicklung, Degeneration, Evolution oder Ausbildung können im Verteilungsmodell als Bezeichnungen für bestimmte Richtungen von Veränderungen verstanden werden. Doch wie erkennt man die Veränderungsrichtungen, die während wiederholter Verteilprozesse auftreten?

Um eine Veränderung der Richtung zu erkennen, vergleicht man eine vorher aufgetretene Verteilung (Ordnung) mit einer Verteilung nach vielfacher Wiederholung. Man vergleicht also eine Abfolge von kausal zusammenhängenden Ordnungen. Der Begriff Entwicklung wird in diesem Zusammenhang oft wie ein Synonym zu Veränderung gebraucht: eine Entwicklung ist positiv, eine andere negativ.

Dabei kann man Veränderungsrichtungen beobachten, die eine Quantität betreffen (Wachstum einer Population, d.h. sie nimmt an Individuen zu oder Rückgang einer Population, d.h. sie nimmt an Individuen ab), oder solche, die eine Qualität betreffen (neue Farbvarianten bei Individuen einer biologischen Art entstehen). Abbildung 10 veranschaulicht dieses Verständnis der erwähnten Begriffe.

Ebenfalls die Qualität einer Veränderungsrichtung betreffend, aber schwieriger zu definieren sind die Begriffe Evolution und Degeneration. Verstehen wir den Begriff Evolution allgemein so, wie er die Entwicklung des Lebens charakterisiert, so können wir ihn mit Energie in Verbindung bringen: Evolution steht für diejenige Veränderungsrichtung, welche aus vielen kleinen Einzelteilen (unter den gegebenen Umständen) energetisch günstige Ganzheiten hervorbringt, die zudem reaktionsfähig sind auf Veränderungen in der Umwelt.

Abbildung 10: Übersicht über unterschiedliche Veränderungsrichtungen

Das Erkennen einer Veränderungsrichtung führt zur Frage, ob diese Richtung ein Ziel hat oder nicht. In der vorliegenden Arbeit wird davon ausgegangen, dass Veränderungsrichtungen in der Natur grundsätzlich aus den Komponenten und Strukturen des betroffenen Systems erklärbar sind. Das heisst, sie sind nur vermeintlich zielgerichtet (teleonomischer Prozess). Dies schliesst aber nicht aus, dass Komponenten und Strukturen eine bestimmte Veränderungsrichtung begünstigen können.

Dabei ist nicht aus den Augen zu verlieren, dass eine Veränderungsrichtung nicht ein für alle Mal festgelegt ist. Sie kann während den Wiederholungen ändern. Wachstum kann in Rückgang umschlagen oder die Entwicklung eines Landes kann beispielsweise in Stagnation umschlagen.

Betrachtet man Veränderungen bei biologischen Verteilungen, so sind Tendenzen feststellbar, die man als Veränderungsrichtungen interpretieren kann. Augenfällig ist eine Tendenz, neue Lebensräume, das heisst neue Plätze, nutzbar zu machen. Pflanzliche und tierische Organismen breiteten sich vor langer Zeit von ihrem ursprünglichen Lebensraum Wasser auf das Land aus und machten es zu einem neuen Lebensraum. Dann nutzten Insekten und später flugfähige Reptilien und Vögel den Luftraum für die Fortbewegung und den Beutefang. Menschen gelang es, tief in den Untergrund vorzustossen um Ressourcen wie Erze und fossile Brennstoffe nutzbar zu machen. Aktuell ist die Nutzbarmachung des nahen Weltraums im Gang. Eine andere Veränderungsabfolge, die man als Richtung interpretieren kann, ist die Zunahme der Reaktionsfähigkeit einiger Organismenarten auf Veränderungen in ihrer Umgebung. Neben der Fähigkeit zur aktiven Bewegung bei Tieren gehört auch die Lernfähigkeit dazu. Unter anderem unterscheiden wir uns darin von unseren baumlebenden affenartigen Vorfahren und unser Erfolg als biologischer Organismus ist darauf begründet.

Welche Veränderungsrichtung ist die beste? Darauf ist keine absolute Antwort möglich. Es kommt immer auf die Umstände an. Ordnungen, die auf frühere, das heisst bereits einmal eingetretene Veränderungen in ihrer Umgebung reagieren können, haben eine gewisse Chance zu überdauern, sofern diese Ordnungen sich nicht zu sehr verändern. Beispiele dafür sind biologische Organismen, die sich über viele Millionen Jahre kaum verändert haben, die aber enorme Schwankungen in der Umgebung überdauert haben, wie Ameisen oder Schildkröten. Ordnungen, die eine hohe Vielfalt zwischen den Objekten aufweisen oder eine grosse Lernfähigkeit besitzen, also reaktionsfähig sind, haben eine gewisse Chance, durch schnelle Anpassung noch nie dagewesene Veränderungen in der Umgebung zu überdauern. Wir hoffen, dass der Mensch dazu gehört.

6.5 Qualitative Aspekte von Verteilungen

Nach der vorangehenden Darstellung der Ordnung als Verteilung wird hier dargelegt, wie diese Ordnung fassbar, das heisst analysierbar gemacht werden kann. Gilt es, einen konkreten Fall von Ordnung zu analysieren, stellen sich Fragen zu ihrer Diversität, Komplexität, Reaktionsfähigkeit, möglicherweise dazu, welchen Gefahren sie ausgesetzt ist sowie welche Entwicklungsrichtung festgestellt werden kann. Auch Fragen zum Verteilprozess und der damit verbundenen Selektion können sich stellen. Im Anhang 4 sind Aspekte aufgelistet, die helfen, eine konkrete Ordnung qualitativ zu charakterisieren.

6.6 Quantitative Aspekte von Verteilungen

Auf der Grundlage des Verteilungsmodells können nicht nur die erwähnten qualitativen Aspekte, sondern auch quantitative, das heisst messbare Aspekte zur Beschreibung einer konkreten Ordnung dienen. Beispiele für messbare

Aspekte sind die Anzahl Objekte und Plätze, das Verhältnis der Anzahl Objekte zur Anzahl Plätze, die Anzahl möglicher Ordnungen (Verteilungen) bei gegebenem Verteilprozess, die Häufigkeit, mit der eine mögliche Ordnung bei Wiederholungen auftritt, die Bestimmtheit eines Verteilprozesses, die Eintrittswahrscheinlichkeit einer bestimmten Ordnung und auch Richtungstrends bei Veränderungen. Diese Aspekte und ihre Verwendung sind in Anhang 2 zusammengestellt. Dort wird auch der Zusammenhang des Verteilungsmodells mit dem statistischen Aspekt von Entropie und Informationsgehalt dargestellt.

6.7 Zusammenstellung der Ergebnisse

Neben dem Zufall kann aufgrund der Studie neu auch die Selektion als Verteilprozess betrachtet werden. Sie führt zum Produkt «Ungleichverteilung». Produkt jedes Verteilprozesses ist die Verteilung selbst. Die Verteilung selbst, ob Ungleichverteilung oder Gleichverteilung, wird hier als Ordnung aufgefasst. Anhand der Modellvorstellung «verteilen von Objekten auf Plätze führt zu einer Verteilung», können die verschiedensten Ordnungsvorgänge untersucht und verglichen werden. Es können Einzelteile des Modells, wie Objekte, Verteilprozess, Plätze und Verteilung (= Ordnung) identifiziert und beobachtet werden. In Abbildung 11 ist dies schematisch zusammengefasst.

Einzelner Ordnungsvorgang
(=Verteilungsvorgang):

Objekte -> Verteilprozess -> Plätze → einzelne Verteilung/Ordnung
Verteilprozess ist zufällig oder selektiv;
Zufälliger Verteilprozess führt zu Gleichverteilung, selektiver zu
Ungleichverteilung (Häufung);
Beispiel ist das Mosaik.

Dynamische Ordnung

dauernder Verteilprozess → dynamische Verteilung/Ordnung
Objekte und/oder Plätze bewegen sich;
Verteilprozess ist zufällig oder selektiv;
Beispiele sind Gasteilchen in einem geschlossenen System oder
Bénard-Zellen .

Veränderung der dynamischen Ordnung:

durch Änderung an Objekten, Verteilprozess oder an Plätzen
Ursachen für veränderte Objekte: Kombination von bestehenden
Elementen führt zu Variation zwischen den Objekten. Die zufälli-
ge Reduktion oder die Selektion durch den Verteilprozess bevor-
zugen oder benachteiligen Varianten;
Ursachen veränderter Verteilprozesse oder Plätze: Änderung der
Umwelt, Änderung der Rahmenbedingungen;
Beispiel Entstehung von biologischen Arten.

Veränderungsrichtung:

Muster in der Abfolge von Veränderungen der Ordnung
Die Richtung ist aus den Bedingungen erklärbar, sie ist nur vermeintlich zielgerichtet oder zweckgerichtet. Die Bedingungen
können aber so sein, dass eine Veränderungsrichtung wahrscheinlicher ist als eine andere;
Beispiele von Veränderungsrichtungen sind Wachstum, Rückgang, Anpassung, Konflikt, Stagnation, Evolution, Degeneration.

Abbildung 11: Schematische Zusammenfassung der Idee «Ordnung als Verteilung»

7 Einordnung der Ergebnisse

Es stellt sich naturgemäss die Frage, ob und allenfalls wie die Ergebnisse überprüft werden können. Indem die Ergebnisse und ihre Entstehung klar dargelegt wurden, sind sie für den Leser nachvollziehbar. Er kann sie mit seiner Erfahrung und seinem Wissen konfrontieren, was einer Plausibilitätsprüfung gleichkommt. Teile der Studie, insbesondere die Simulationen im geschlossenen System können jederzeit wiederholt werden (Vedenev, 2016).

Selektion als Konzept entpuppt sich in der vorliegenden Studie etwas überraschend als Gegenstück zum Konzept Zufall. Dies fällt erst auf, wenn man Zufall und Selektion als Bezeichnungen für die zwei grundsätzlich verschiedenen Verteilprozesse – ohne oder mit Präferenz – auffasst.

Die Elemente des Verteilungsmodells (Objekt, Platz, Verteilungsprozess und Verteilung (=Ordnung)) ermöglichen eine vergleichbare Analyse von Ordnungen auf physikalischer, biologischer, kognitiver und technischer Ebene. Allerdings ist es nicht in jedem konkreten Fall ganz einfach, die Begriffe Objekte, Plätze, Verteilungsprozesse mit und ohne Präferenz, Ordnung, Wiederholung sowie Veränderungsrichtung voneinander zu unterscheiden und sinnvoll zuzuordnen. In jedem Fall ist dies einfacher, wenn vorerst die gestellte Frage und der Untersuchungsgegenstand klar eingegrenzt werden. Bei sorgfältiger Anwendung ist es hingegen möglich, etablierte wissenschaftliche Masse wie Bit, Byte und die Entropie der statistischen Mechanik plausibel einzuordnen. Ferner wird es möglich, grundlegende Elemente der Mathematik, wie zum Beispiel die Zahlen, direkt aus Vorgängen der Natur abzuleiten.

Das Verteilungsmodell legt nahe, selektive Verteilprozesse oder neutraler ausgedrückt Trennungsprozesse, allgemein und unabhängig von der Art der wirkenden Kräfte als Ursache für nicht-zufällige Ordnung zu betrachten.

Von Interesse ist, ob mit dem Modell Voraussagen bezüglich der Entstehung von Ordnung gemacht werden können. Die Antwort ist ja. Will man die Entstehung einer selektionsbedingten Ordnung voraussagen, muss man die dafür relevanten Trennprozesse kennen und ihre Effektivität in der gegebenen Umgebung kennen. Hierzu ein gesellschaftsrelevantes B e i spiel: Theoretisch kann physische Sicherheit in einer Gesellschaft entstehen, das heisst hier Schutz des Individuums vor zufälliger oder unverhältnismässiger Gewalt, sofern Gewaltausübung von den Angehörigen der Mehrheiten und der Minderheiten an ein gemeinsames Organ delegiert wird (Trennung 1), gerechte Regeln der verhältnismässigen Gewaltausübung durch dieses Organ für Mehrheiten und Minderheiten aufgestellt werden (Trennung 2), dieses Organ die Regeln der Gewaltanwendung befolgt (Trennung 3) und Transparenz über die Gewaltanwendung besteht (Trennung 4).

Will man nicht nur Voraussagen machen, sondern eine

konkrete, selektionsbedingte Ordnung schaffen, muss man mittels eines oder mehrerer Trennverfahren Objekte aus der Umgebung anhäufen. Ein Beispiel dafür ist die Selektion von Kandidaten für die Wahl in öffentliche Ämter durch politische Parteien und Nichtregierungsorganisationen unter ihren Mitgliedern. Werden mittels eines angemessenen Prozesses geeignete Personen auf geeignete Plätze verteilt, entsteht Ordnung.

Will man eine dynamische Ordnung schaffen, muss man den Verteilprozess wiederholen. Ein Beispiel dafür sind die regelmässig abgehaltenen Wahlen der Exekutive auf Gemeinde-, Kantons- und Bundesebene in der Schweiz.

Zu guter Letzt stellt sich die Frage, ob man im Falle der Wiederholung von Ordnungsprozessen auch Veränderungsrichtungen erzeugen kann. Die Antwort lautet: einen Trend auszumachen ist nicht einfach, einen zu erzeugen noch schwieriger. Nicht unter allen Gegebenheiten können alle Veränderungsrichtungen erzeugt werden. Denn es sind die Variation zwischen den Objekten und die Kräfte in der Umgebung, welche die Veränderung einer Ordnung bestimmen. In welche Richtung es geht, ist nicht einfach vorauszusagen. Wenn die Umgebung sich unvorhersehbar verändert, gibt es für eine Ordnung keine Garantie, bestehen zu bleiben. Oft ist dann die einzige feststellbare Veränderungsrichtung jene des Zerfalls.

Wirtschaftliches Wachstum, schulisches, biologisches oder technisches Lernen sind Beispiele von Begriffen, die bestimmte Veränderungsrichtungen von bestehenden Ordnungen bezeichnen. Durch «Speicherung der früher geschehenen Veränderungen und ihre Reaktion darauf», wie das in den Genen biologischer Organismen oder in den Konstruktionsbüchern für Maschinen teilweise der Fall ist, kann die Wahrscheinlichkeit erhöht werden, dass die in der Vergangenheit aufgetretenen Veränderungen, sollten sie erneut auftauchen, überstanden werden.

Will man die Wahrscheinlichkeit erhöhen, dass nie dagewesene Veränderungen durch eine dynamische Ordnung überdauert werden, so ist die Reaktionsfähigkeit dieser Ordnung zu erhöhen. Dies geschieht durch die Produktion von Vielfalt zwischen den Objekten und deren Konfrontation mit verschiedenen selektiv wirkenden Kräften. Die Wahrscheinlichkeit sollte dann steigen, dass Varianten häufiger werden, welche geeignete Eigenschaften besitzen. Auch steigt damit die Wahrscheinlichkeit, dass durch neue Kombination bestehender Elemente eine neue Variante (Innovation) entsteht, die noch geeignetere Eigenschaften besitzt. Man kann dies Technik der Systementwicklung oder Evolutionstechnik nennen.

8 Antwort auf die Frage nach der Ursache von Ordnung

Die Frage nach der Entstehung von Ordnung wird hier so beantwortet: Ordnung entsteht durch einen Verteilvorgang. Dabei werden Objekte auf Plätze verteilt. Damit ist die Frage grob beantwortet. Ursache des Verteilvorgangs sind Kräfte, welche auf die Objekte wirken.

Die Ordnung selbst ist das Resultat des Verteilvorgangs. Ordnung ist so gesehen ein Synonym für Verteilung.

Eine etwas detailliertere Betrachtung zeigt, dass Verteilprozesse einerseits ohne Präferenzen erfolgen können, das heisst zufallsbedingt sind, oder dass sie andererseits mit Präferenzen ablaufen können, das heisst selektiv sind. Oder, was in der Wirklichkeit meistens der Fall ist, sie sind ein Mix aus Verteilprozessen mit und solchen ohne Präferenzen.

Ist der Verteilprozess einmalig, bekommen wir ein Resultat in Form einer einzelnen Verteilung zu Gesicht, etwa einem kunstvollen Mosaik. Wir können, zumindest theoretisch, nie ganz sicher sein, ob eine einmalige Ordnung durch Zufall oder durch Selektion entstanden ist. Wir können aber eine Angabe dazu machen wie wahrscheinlich es ist, dass die vorhandenen Objekte durch Zufall in dieser

Anordnung auf den Plätzen gelandet sind. Gibt es genügend Wiederholungen des Verteilungsvorgangs, können wir theoretisch ebenfalls nicht ganz sicher sein, ob Zufall oder Selektion die Ursache ist. Es ist aber in diesem Fall einfacher, den möglichen Ordnungen unter der Annahme von Zufallsverteilung Eintrittswahrscheinlichkeiten zuordnen.

9 Neue Fragen und Ausblick

Im Rahmen des Verteilungsmodells erfahren verschiedene Begriffe in Zusammenhang mit Ordnung eine Klärung. Einige werden untenstehend erwähnt. Sodann werden Perspektiven für weitere Studien in Zusammenhang mit dem Verteilungsmodell aufgezeigt.

Begriff *Homogenität/Diversität* der Ordnung: Besteht das Verteilungsergebnis aus einem Typ von ähnlichen Elementen, ist eine Ordnung homogen, zum Beispiel eine Kiste voller Orangen. Besteht die Ordnung aus mehreren Typen von jeweils ähnlichen Elementen, hat es in der Kiste etwa Orangen, Zitronen und Mandarinen, ist die Ordnung divers. Kommen die verschiedenen Typen von Elementen unterschiedlich häufig vor, erfahren wir die Ordnung als noch diverser. Eine graphische Häufigkeitsverteilung stellt diese Beziehung dar, oder auch ein Diversitätsindex.

Begriff *Komplexität*: Komplexität kann als eine Eigenschaft der Beziehungen zwischen den verteilten Objekten angesehen werden. Ist die Anzahl verschiedenartiger Beziehungen zwischen den Elementen hoch, ist die Ordnung komplex. Eine Gruppe von Personen, die sich nicht kennen, trifft in einem Saal ein. Die Personen haben kaum Beziehungen untereinander, die (soziale) Ordnung der Gruppe ist relativ einfach. Eine gleichartige Gruppe von Personen, die seit Jahren im selben Dorf wohnen und sich in einem Saal treffen, hat viele verschiedene Beziehungen untereinander, die (soziale) Ordnung dieser Gruppe ist komplexer. Je mehr Beziehungen sich überlagern, desto komplexer ist die Ordnung.

Begriff *Dauerhaftigkeit*: Sie kann charakterisiert werden als die Dauer der Ordnung im Verhältnis zur Dauer ihrer Umgebung.

Begriff *Ressourcen und Produkte* der Ordnung: In dieser Sichtweise wird die Verteilung als ein Ganzes, als ein offenes System aufgefasst. Folgende Fragen sind dann zu beantworten: Welche Ressourcen «bezieht» diese Ordnung aus ihrer Umgebung? Was produziert sie?

Perspektiven zur Ausweitung des Konzepts der Selektion: Neben der Klärung der oben genannten Begriffe ist auch eine Entwicklung betreffend das Konzept der Selektion denkbar. Es ist anzunehmen, dass Selektion im oben genannten Sinne nicht nur beim Aufeinandertreffen von Teilchen mit ihrer Umgebung entsteht, sondern auch bei Kollisionen von Wellen. Ebenso ist nicht auszuschliessen, dass Selektionsprozesse nicht nur im sichtbaren Bereich ablaufen, sondern auch im Innern von Atomen, das heisst auch Teil der nicht-klassischen Physik bilden. Einen Hinweis darauf gibt das Pauli-Prinzip. Es besagt in seiner modernen Form, «Fermionen schliessen sich gegenseitig aus» (Wikipedia, Pauli-Prinzip, 2018). Sie können also nicht im selben Zustand existieren. Das zeigt, dass im Innern von

Atomen Verschiedenheit vorhanden ist. Die Voraussetzung für Selektion, die Variation, ist also da. Ob sich weitere Untersuchungen in dieser Richtung lohnen könnten, muss abgeklärt werden.

Perspektiven zu den Beziehungen zwischen physikalischen, chemischen, biologischen und technischen Ordnungen: Welche Beziehung besteht zwischen unbelebten, lebendigen und technischen Strukturen? Damit diese «Ordnungen» zueinander in eine Beziehung gestellt werden können, ist ein «abstammungsgeschichtliches» System der Strukturen hilfreich. Im Anhang 5 ist ein rudimentäres Grundgerüst dazu dargestellt. Das Verteilungsmodell erlaubt, einige Aspekte der Entstehung dieser verschiedenen Strukturen mit vergleichbaren Begriffen zu beschreiben. Das rudimentäre Gerüst von Anhang 5 kann zu einem allgemeinen entstehungsgeschichtlichen System entwickelt werden.

Perspektiven zur Einordnung der «Kraft der Form»: Wie bereits erwähnt, entstand bei der Simulation eines Gases im geschlossenen System nicht unter allen Bedingungen eine Gleichverteilung der Kollisionen von Teilchen mit ihrer Umgebung. Der Effekt tauchte auf, wenn die Teilchendichte so klein war, dass die Teilchen vorwiegend mit der sie umgebenden Struktur zusammenstiessen und kaum untereinander. Je nach der Form der umgebenden Struktur war die Verteilung verschieden. Der Versuch, diesen Befund zu erklären, führte zu etwas Unvorhergesehenem. Die plausibelste Erklärung für den gefundenen Effekt ist die Aussage, dass die Form einer Struktur eine Wirkung auf die mit ihr kollidierenden Teilchen ausübt. Es entstehen Häufungen, das heisst Ungleichverteilungen von Kollisionen mit der Struktur. Die Form wirkt selektiv auf die Bewegungsrichtung der Teilchen. Sie übt eine physikalische Kraft aus. Häufung im vorliegenden Sinne kann daher auch im geschlossenen System bestehen. Diese Aussage ist ungewohnt, steht aber nicht in Widerspruch zu den physikalischen Grundsätzen. Denn es handelt sich um einen dynamischen und nicht um einen thermodynamischen Effekt. Dies, weil der Effekt nur bei geringer Teilchendichte besteht, wenn die Teilchen kaum miteinander kollidieren, sondern hauptsächlich mit der umgebenden Struktur. Untersuchungen an anderen Objekten könnten zeigen, ob der Effekt auch ausserhalb einer Simulation festgestellt werden kann und ob die gelieferte Erklärung auch in diesen Fällen sinnvoll ist.

Perspektive zum Verständnis der Normalverteilung als Mischprodukt aus Selektion und Zufall: Bei den Betrachtungen am geschlossenen System tauchte eine weitere Häufung auf: die Verteilung der Geschwindigkeitsbeträge der Teilchen. Von Maxwell wurde sie als Normalverteilung vorausgesagt und von anderen später experimentell bestätigt (Wikipedia, Maxwell-Boltzmann-Verteilung, 2018). Laut den obenstehenden Ausführungen entspricht eine Normalverteilung einer Ungleichverteilung (Häufung). Sie muss, aus dieser Sicht, aufgrund eines selektiven Verteilprozesses entstehen. Im Fall der Geschwindigkeitsverteilung ist sicher die Temperatur eine wichtige Grösse. Sie gilt als Indikator für die durchschnittliche, im System vorhandene Bewegungsenergie der Teilchen. Die vorhandene Bewegungsenergie bestimmt den Betrag der häufigsten Geschwindigkeit. Um diese häufigsten Geschwindigkeiten verteilen sich die anderen Geschwindigkeiten. Man nimmt allgemein an, dass sich diese Geschwindigkeiten zufällig verteilen (vgl. Anhang 6). Eine Abklärung, ob die Teilchenform bei den Kollisionen und somit bei der Verteilung der resultierenden Geschwindigkeitsbeträge zusätzlich eine selektive Rolle spielt, kann Klarheit bringen, ob dem wirklich so ist.

Festzuhalten ist, dass Normalverteilung mit der vorliegenden Betrachtungsweise keine reine Zufallsverteilung darstellt. Der «häufigste Wert», um den die Zufallswerte sich gruppieren, ist selektionsbedingt. Im obigen Beispiel ist der Selektionsfaktor die Menge an vorhandener Bewegungsenergie. Bei Industrieprodukten ist es beispielsweise ein selektionsbedingter Sollwert der Dicke eines Werkstücks, um den die tatsächlich erreichten Werte mit mehr oder weniger zufälliger Abweichung schwanken.

Perspektiven zum Zusammenhang zwischen Verteilung und Energie: Ordnung hat neben dem im Verteilungsmodell dargelegten Aspekt einer statistischen Verteilung auch einen energetischen Aspekt. Objekte, Plätze und Verteilprozesse sind schliesslich immer Teil der physikalischen

Wirklichkeit. Im Anhang 7 der vorliegenden Arbeit werden energetische Aspekte der Ordnung thematisiert. Unter anderem wird dargestellt, wie der zweite Hauptsatz der Thermodynamik aus der Sicht des Verteilungsmodells zu verstehen ist. Und es wird darauf hingewiesen, dass Häufungen eine Form von potentieller E nergie enthalten. Auch gerichtete dynamische Verteilungsprozesse, welche in der Natur überall anzutreffen sind, bieten eine Untersuchungsperspektive. Die Beschreibung im Haupttext der drei verschiedenen Ordnungsvorgänge legt nahe, dass es einen grundlegenden Selektionsfaktor gibt. Der Selektionsfaktor, welcher letztlich bestimmt, auf welchem Weg eine Anzahl Teilchen eine Strecke entlang eins gegebenen Gefälles zurücklegen, ist die pro Zeit transportierte Energiemenge, das heisst die Energietransportleistung. Sie entscheidet darüber, welche dynamische Ordnung entsteht und von uns wahrgenommen wird. Ob diese Interpretation der Gegebenheiten eine verbreitete Gesetzmässigkeit darstellt, kann geklärt werden.

Perspektiven zur Wahrnehmung von Ordnung: E ine interessante Frage ist, ob in allen Kulturen Ordnung ähnlich wahrgenommen wird und ob die Wahrnehmung von Ordnung, vor allem nicht zufällige Ordnung, in den verschiedenen Sprachen auf ähnliche Weise abgebildet ist. Auch die Frage, warum sich in der biologischen Evolution die Wahrnehmung von Ordnung herauskristallisiert hat, kann weiterverfolgt werden. Ein Hinweis dazu liefert der Zusammenhang zwischen dynamischer Ordnung und Energie, wie er in Anhang

7 dargelegt ist. Wenn nichtzufällige dynamische Ordnung unter gewissen Umständen einen besseren Wirkungsgrad hat, als eine zufällige dynamische Ordnung, dann heisst das, dass die Wahrnehmung von nichtzufälliger dynamischer Ordnung der Wahrnehmung des Wirkungsgrades hinsichtlich eines Energietransports gleichkommt. Und das kann evolutionär bedeutsam sein. Damit ein Organismus leben kann, müssen sein energetischer Aufwand und Ertrag in einem guten Verhältnis stehen. Beispielsweise muss bei der Nahrungsbeschaffung der Energieaufwand für die Beutebeschaffung in einem guten Verhältnis zum verwertbaren Energieinhalt der Beute stehen. Im günstigen Fall entsteht ein Überschuss, ansonsten droht dem Jäger über kurz oder lang der Existenzverlust.

Perspektiven zur Technik der Systementwicklung: Das Verteilungsmodell kann mit dem Begriff System in Zusammenhang gebracht werden. System steht dann für Objekte, die zueinander in Beziehung stehen, also Plätze. Die Verteilung von Objekten in einem System stellt, so gesehen, eine Ordnung dar. Zur Unterscheidung von dynamischen Systemen, in denen Verteilprozesse Präferenzen haben oder nicht, das heisst in denen Selektion stattfindet oder nicht, können Systeme in zwei Kategorien eingeteilt werden. Dazu trennt man dynamische Systeme mit Gefälle irgendwelcher Art von solche ohne Gefälle. In Systemen mit Gefälle findet, in Folge des Vorhandenseins einer Richtung, Selektion statt. Die Kollisionen von Teilchen untereinander und/oder mit einer Struktur führen in Systemen mit Gefälle dazu, dass nicht alle resultierenden Bewegungsrichtungen gleich häufig vorkommen. Das heisst es besteht ein selektiver Verteilprozess. Wie in Kapitel 6 gezeigt gibt es Anzeichen, dass Selektion auch in geschlossenen Systemen existiert und zum Beispiel mit der Form, der das System begrenzenden Struktur zusammenhängen kann. Man versuche sich eine Form vorzustellen, die nicht selektiv auf die Teilchenrichtung wirkt, das heisst bei der alle Bewegungsrichtungen von Teilchen nach der Kollision mit der Struktur gleich häufig vorkommen. Es bleibt im 2d-Modell der Kreis oder im 3d-Modell die Kugel als Form einer Struktur, die nicht selektiv auf die Bewegungsrichtung der mit ihr zusammenstossenden Teilchen wirkt. Diese Aussage ist mittels Simulation überprüfbar.

Das Verteilungsmodell kann auch als Werkzeug für die Systementwicklung genutzt werden. Es kann im Nachhinein, in Zusammenhang mit den energetischen Aspekten, eine Analyse liefern, warum in einem konkreten Fall eine Systementwicklung erfolgreich war, oder eben nicht, das heisst welche Selektion gespielt hat und welche nicht. Das Modell kann weiters helfen, bei Bedarf den Verteilprozess mit dem besten Wirkungsgrad zu wählen. Oder es kann helfen, mittels Massnahmen die Wahrscheinlichkeit zu erhöhen, dass ein gegebenes System sich in eine bestimmte Richtung entwickelt. Insgesamt handelt es sich um ein potentielles Anwendungsfeld für das Verteilungsmodell.

Perspektiven zur formalen Beschreibung von Verteilung:
Die Übersetzung der dargelegten Zusammenhänge in
eine formale Sprache ist kaum entwickelt. Zum Beispiel
ist es unüblich, Reduktion und Multiplikation als Zuordnungsregeln zu verstehen. Einige Ansätze sind in Anhang
8 und Anhang 9 dargelegt. Daneben ist von Interesse,
falls sich jemand auf die Suche nach der Entstehung der
mathematischen Grundbegriffe macht, dass diese aus
natürlich vorkommenden Verteilvorgängen hergeleitet
werden können. Abgrenzen und zählen können als in der
Natur entstandene Fähigkeiten von Verteilprozessen verstanden werden. Es handelt sich um ein Forschungsfeld,
dessen Bearbeitung Ertrag verspricht.

*Perspektiven zu Unsölds Begriffen der kosmischen, biolo-
gischen und geistigen Strukturen* (Unsöld, 1981): Während
der vorliegenden Arbeit hat sich herausgestellt, dass es
ebenso sachgerecht ist, von den Strukturen der unbelebten,
der lebendigen und der technischen Natur zu sprechen.
Unter technischer Natur wird dabei jener Teil der unbelebten Natur verstanden, den Organismen herstellen.
Zum Beispiel Nester, Bücher oder Maschinen. Eine Ak-
zeptanz dieser Sichtweise hätte wohl Auswirkungen.

Schlussbemerkung: Das Konzept der Selektion und die
Modellvorstellung von der Ordnung als Verteilung sind
die Hauptergebnisse der Studie. In diesem Licht kann der
vorliegende Bericht als Ergebnis eines Verteilprozesses
aufgefasst werden. Nämlich der wiederholten selektiven

Verteilung von Gedanken auf die Plätze von Schriftzeilen, von welcher nun der vorliegende Text eine Momentaufnahme darstellt.

10 Anhang

Anhang 1 - Der Verlaufsaspekt von Verteilprozessen

Wie im Haupttext erwähnt, sind Verteilprozesse gerichtet. In der Natur können sie spontan ablaufen. Regen kann beispielsweise als ein Verteilprozess aufgefasst werden. Dabei werden Wasser Tröpfchen (Objekte) von einer Wolke auf die Oberfläche der Erde (Plätze) verteilt. Der Verteilprozess «es regnet» ist gerichtet. Infolge der selektiven Wirkung der Schwerkraft auf die Tropfen fallen sie von oben nach unten. Ein gänzlich anderes Beispiel: Ordnet eine Genossenschaft einzelnen Mitgliedern per Los Holzhaufen zu, ist die Richtung der Verteilung gegeben. Holzhaufen werden Mitgliedern zugeordnet und nicht umgekehrt. Die geltenden Regeln legen in diesem Fall die Richtung der Verteilung fest.

Beim folgenden Beispiel ist es wieder ein Vorgang der Natur, welcher die Richtung der Verteilung festlegt. Stelle ich eine Flasche warmes Bier in eine Kühlbox, verteilt sich die Wärme von der Flasche in die Kühlbox, bis alles die gleiche Temperatur hat. In der Natur verteilt sich Wärme spontan von einem warmen Körper auf die kältere Umgebung und nicht umgekehrt. Das ist eine Aussage des zweiten Hauptsatzes der Thermodynamik. Dieser

Hauptsatz kann als Feststellung verstanden werden, dass spontane Wärmeverteilprozesse immer einer Richtung folgen, von warm nach kalt.

In der Natur sind bei Verteilprozesse weitere Gesetzmässigkeit beobachtet worden. Bei Verteilprozesse wirken Kräfte, die Objekte auf Plätze verteilen, so dass eine Ordnung entsteht. Vom Beobachter wird dies als ein gerichteter Verlauf von einer Ursache hin zu einer Wirkung interpretiert und nicht umgekehrt. Das Prinzip von Ursache und Wirkung (Kausalitätsprinzip) kann als übereinstimmende Feststellung von Beobachtern aufgefasst werden, dass Verteilprozesse (im Makrobereich) immer einer Richtung folgen, von der Ursache zur Wirkung.

Derart «gerichtete» Verteilungsvorgänge verringern die Anzahl der wirklich möglichen Ergebnisse. Wir müssen davon ausgehen, dass die wenigsten Verteilungsvorgänge in der Natur zufällig ablaufen. Standard in der Natur ist die Bevorzugung einer Richtung. Spontane Verteilungen verlaufen entlang eines energetischen Gefälles. Meist verlaufen Verteilungen sogar entlang mehrere Gefälle, wie zum Beispiel Temperatur und Gravitation bei der Bénard-Konvektion.

Anhang 2 - Statistische Quantifizierung von Verteilprozess und Verteilung

Einfluss der Präferenzen des Verteilprozesses auf den Typ der resultierenden Verteilung:

Fasst man Ordnung als Resultat eines Verteilprozesses von Objekten auf Plätze auf, können einige Aspekte des Verteilprozesses und der resultierenden Verteilung quantifiziert werden.

Beim Messen von Ordnung will man Fragen beantworten, die etwa so lauten: Handelt es sich um eine Zufallsverteilung oder nicht? Kann ich das Entstehen einer bestimmten Verteilung voraussagen? Wie zufällig oder selektiv wirkt der Verteilprozess? Wie bestimmt ist das Resultat des Verteilprozesses? Die Beantwortung dieser Fragen ist je nach Fall in unterschiedlichem Grad möglich. Um zu bestimmen, in welchem Fall ich mich befinde, ist ein Raster hilfreich, welches die Präferenzen des Verteilprozesses beleuchtet und die daraus folgenden Typen von Ordnung (Tabelle 1).

Tabelle 1 (folgende Seite): Die Unterscheidbarkeit von Objekten und Plätzen durch den Verteilprozess hat Auswirkungen darauf, ob die resultierende Ordnung eine reine Zufallsverteilung oder eine reine Häufung oder eine Mischung aus beiden sein kann.

Plätze p / Objekte o	A Plätze für Verteilprozess nicht einzeln abgrenzbar (unzählbar)	B Plätze für Verteilprozess nicht einzeln abgrenzbar, er kann aber Mengen p abgrenzen	C Plätze für Verteilprozess einzeln abgrenzbar (zählbar) aber nicht unterscheidbar	D Plätze für Verteilprozess einzeln abgrenzbar (zählbar) u. einzeln unterscheidbar (identifizierbar)
1 Objekte für Verteilprozess nicht einzeln abgrenzbar	1A Keine Präferenz für o und p.	1B Keine Präferenz für o. Präferenz für Menge p. Keine Präferenz für Merkmal(e).	1C Keine Präferenz für o. Präferenz für Anzahl p. Keine Präferenz für Merkmal(e).	1D Keine Präferenz für o. Präferenz für Anzahl p und Merkmal(e) p.
2 Objekte für Verteilprozess nicht einzeln abgrenzbar, er kann aber Mengen o abgrenzen	2A Präferenz für Menge o. Keine Präferenz für p.	2B Präferenz für Menge o und Menge p. Keine Präferenz für Merkmal(e).	2C Präferenz für Menge o. Präferenz für Anzahl p. Keine Präferenz für Merkmal(e).	2D Präferenz für Menge o. Präferenz für Anzahl und Merkmal(e) p. Keine Präferenz für Merkmal(e) o.
3 Objekte für Verteilprozess einzeln abgrenzbar aber nicht einzeln unterscheidbar	3A Präferenz für Anzahl o. Keine Präferenz für p.	3B Präferenz für Anzahl o. Präferenz für Menge p. Keine Präferenz für Merkmal(e).	3C Präferenz Anzahl o und Anzahl p. Keine Präferenz für Merkmal(e).	3D Präferenz Anzahl o. Präferenz für Anzahl und Merkmal(e) p. Keine Präferenz für Merkmal(e)
4 Objekte für Verteilprozess einzeln abgrenzbar u. unterscheid-bar	4A Präferenz für Anzahl und Qualität o. Keine Präferenz für p.	4B Präferenz für Anzahl und Merkmal(e) o. Präferenz für Menge p. Keine Präferenz für Merkmal(e).	4C Präferenz für Anzahl und Merkmal(e) o. Präferenz für Anzahl p. Keine Präferenz für Merkmal(e)	4D Präferenzen für Anzahl und Merkmal(e) o und p.

Beispiele für die Typen der resultierenden Verteilungen:

Resultierende Verteilungen im Sinne von Fall 1A sind eine Menge Schnee, die auf einer unbegrenzten Oberfläche verteilt ist oder eine Luftmasse, ein Geruch, Licht oder Schall über einer unbegrenzten Oberfläche. Bei 1B ist es ähnlich wie bei 1A, ausser dass die Fläche begrenzt ist. Wenn der Verteilprozess das Reflektieren von Licht ist, wird eine lichtreflektierende Fläche wie der Mond durch den Prozess für den Beobachter zu einer begrenzten Fläche. Bei 1C ist es ebenfalls ähnlich wie bei 1A, ausser dass die Plätze abgegrenzte, vom Verteilprozess nicht einzeln identifizierbare Punkte sind, zum Beispiel lichtreflektierende Blüten auf einer Wiese. Bei 1D sind die Punkte dann infolge des Verteilprozesses einzeln identifizierbar, die Blüten zum Beispiel durch ihre unterschiedlichen Farben.

Ein Beispiel für den Fall 2A ist eine räumlich oder zeitlich begrenzte Geruchswolke über einer unbegrenzten Oberfläche. Bei 2B ist es dasselbe über einer begrenzten Fläche. Bei 2C liegt die Geruchswolke über gleichartigen Punkten, zum Beispiel Rezeptoren in der Nase eines biologischen Organismus und bei 2D sind die Rezeptoren verschiedenartig oder durch die räumliche Lage unterscheidbar.

Als Beispiel für den Fall 3A dienen abgrenzbare Objekte wie gleichartige Bäume, die verstreut auf einer unbegrenzten Wiese stehen oder Büffel, die auf einer unbegrenzten Prärie weiden oder einzelne Menschen, die sich auf einem unbegrenzten Feld befinden. Die Objekte sind dann grundsätzlich als Addition von Einheiten, 1+1+1…, zählbar. Für den Fall 3B sind die Objekte auf einer begrenzten Fläche, zum Beispiel Äpfel unter dem Apfelbaum. Ein Beispiel für 3C ist die Verteilung von Einkommen auf Personen oder die Verteilung von Memory-Karten auf die Plätze eines Tischs zu Beginn des Spiels. Im Fall 3D nimmt beispielsweise eine Maschine nacheinander Kugeln und bringt sie nacheinander auf eine Anzahl Plätze. Falls die Maschine bei jeder Wiederholung die Plätze in der gleichen Abfolge besetzt bedeutet dies, dass sie die Plätze unterscheiden kann. Nach erfolgter Platzierung sind die sonst gleichartigen Kugeln einzeln identifiziert: Die erste Kugel … die letzte Kugel. Man kann sich vorstellen, dass so die Kategorie «Reihe» entstehen kann. Sie entspricht einer bestimmten Verteilung oder Ordnung von gleichartigen Einheiten. Die Position in der Folge der Plätze entspricht einer Summe, die pro Position um 1 (eine Einheit) erhöht wird. 1+1+1 entspricht der dritten Kugel.

Ein Beispiel für 4A sind verschiedene Ziffern, die auf einer unbegrenzten Fläche verteilt sind. Bei 4B sind die Ziffern auf einer begrenzten Fläche verteilt. Bei 4C sind die Ziffern auf austauschbare Plätze verteilt. Beispiel für den Fall 4D ist die Verteilung von Ziffern auf eine geordnete Reihe von Plätzen. Eine geordnete Reihe von Stellen ist zum Beispiel das Dezimalsystem. Zusammen mit den verteilten Ziffern entsteht bei 4D eine mehrstellige Zahl. Ein weiteres Beispiel für den Fall 4D ist ein Speicherprozess, der die Ziffern 0 oder 1 auf 8 Plätze anordnet, wobei er unterscheiden kann, welche der beiden Ziffern er auf dem ersten und welche er auf dem zweiten etc. Platz des Oktetts speichert. Weitere Beispiele für den Fall 4D sind wohlplatzierte Steine eines Mosaiks die einen Gegenstand darstellen, platzierte Buchstaben die einen Kriminalroman ergeben, platzierte Farben die ein Bild ergeben, platzierte Nullen und Einsen die ein funktionierendes Computer-programm ergeben, Individuen einer biologischen Art in ihren individuellen Lebensräumen oder das Schachspiel.

Allein aus diesen Beispielen ist ersichtlich, dass je nach Fall präzisere oder weniger präzise Antworten auf die zu Beginn von Anhang 1 gestellten Fragen möglich sind. Es ist erforderlich, eine Verteilung so gut wie möglich auf Grund der «Unterscheidungsfähigkeit» des Verteilprozesses einzuordnen, bevor man versucht, quantitative Aussagen zu konstruieren.

Für die folgende Betrachtung wird davon ausgegangen, dass bei einem Verteilprozess ein Objekt entweder einen Platz erhält oder nicht, das heisst ihm maximal ein Platz zusteht und dass ein Platz nicht mehrfach besetzt wird, das heisst auf einem Platz maximal ein Objekt zu liegen kommt.

Beispiele für unterschiedliche Quantifizierungs-modelle, je nach Typ der Verteilung:

Die verschiedensten Wissenschaftsdisziplinen haben Modelle entwickelt, um Verteilungen in verschiedenen konkreten Fällen mehr oder weniger bestimmt vorauszusagen. Für die oben genannten Beispiele sind es im Fall 1A zum Beispiel Voraussagen von Lawinenniedergängen, Wettervorhersagen zu Regen, Temperatur und Wind. Im Fall 2B sind es Voraussagen über die Verteilung der Moleküle in einem geschlossenen Gefäss. Im Fall 3C kann beim Beispiel der Einkommensverteilung die Frage beantwortet werden, ob es sich um eine Ballung (Ungleichverteilung) handelt. Der Fall 3C hat Aspekte von besonderem Interesse, da es ausschliesslich um die Verteilung von zählbaren Einheiten geht, nicht um Qualitäten. Hinweise dazu finden sich in Anhang 8. Für den Fall 4D kann die Wahrscheinlichkeit ermittelt werden, die ein Teilnehmer bei einer bestimmten Lotterie hat, einen Gewinn zu erzielen oder die Wahrscheinlichkeit, dass ein bestimmter Kriminalroman durch einen Zufallsgenerator erzeugt wurde.

Unterschiedliche Quantifizierung bei einmaligen und bei wiederholten Verteilprozessen:

Hat ein einmaliger Verteilprozess mit oder ohne Präferenzen eine Ordnung bewirkt, zum Beispiel ein Mosaik?

Kein erkennbares Muster beim Mosaik: Einige Plätze sind

durch Objekte besetzt, einige nicht, es ist kein Muster erkennbar. Es stellt sich die Frage, ob es sich um eine zufällig entstandene Verteilung (Gleichverteilung) handelt oder um eine selektiv entstandene (Ungleichverteilung). Im Zweifelsfall kann dies nur mit genügend Wiederholungen und einer statistischen Auswertung entschieden werden.

Erkennbares Muster: Es handelt sich um eine Ungleichverteilung, um eine Häufung. Theoretisch kann auch dieses Muster zufällig entstanden sein. Bei einem Mosaik nehmen wir aber an, dass es von Menschenhand und in kurzer Zeit entstanden ist. Falls wir die Angaben haben um auszurechnen, wie viele Wiederholungen es bräuchte, um das Muster zufällig (Verteilprozess ohne Präferenzen) zu erzeugen, sind wir bereits einen Schritt weiter. Daraus können wir nämlich errechnen, wie unwahrscheinlich es ist, dass das Muster beim ersten Mal erzeugt wird. Es ist also auch bei einmaligen Verteilungen in gewissen Fällen möglich anzugeben, mit welcher Wahrscheinlichkeit es sich nicht um eine Zufallsverteilung (Gleichverteilung) handelt, sondern um eine selektionsbedingte Verteilung (Ungleichverteilung).

Hat ein wiederholter Verteilprozess die Ordnung mit oder ohne Präferenzen bewirkt?

Je nach Verteilungsresultat hat der Prozess die Objekte zufällig oder selektiv verteilt. Das Resultat Ordnung lässt, wie oben dargelegt, unter Umständen einen Rückschluss auf seine Entstehung zu, das heisst, ob der Verteilprozess

Präferenz(en) hatte, oder nicht. Der Rückschluss wird umso wirklichkeitstreuer, je öfter der Verteilprozess unter gleichen Bedingungen wiederholt wird.

Quantifizierung dynamischer Ordnungen:

Quantitative Aussage 1: Anzahl Wiederholungen

In thermodynamischen Systemen korreliert die durchschnittliche Bewegungsenergie von Teilchen mit der Temperatur. Bei Zufallsverteilungen korrelieren diese beiden auch mit der Anzahl Kollisionen. In der vorliegenden Betrachtung folgt aus einer hohen Anzahl Kollisionen pro Zeit eine hohe Anzahl Wiederholungen des Verteilprozesses. Die Temperatur oder durchschnittliche Bewegungsenergie von Teilchen in einem thermodynamischen System sind so gesehen ein physikalisches Mass für die Anzahl Kollisionen pro Zeitdauer, das heisst für die Anzahl Wiederholungen eines Verteilprozesses pro Zeitdauer. Umgekehrt gesehen ist die Anzahl Wiederholungen pro Zeitdauer ein statistisches Mass, das die Bedeutung einer «Temperatur im übertragenen Sinne» für eine dynamische Verteilung hat.

Quantitative Aussage 2: Eintrittswahrscheinlichkeit einer bestimmten Ordnung

Ist nur eine Ordnung als Resultat eines Verteilprozesses möglich, ist der Ausgang des Prozesses bestimmt, die resultierende Ordnung ist vorhersagbar. Sind sehr viele verschiedene Resultate möglich, ist der Verteilprozess unbestimmt. Für Voraussagen zum Auftreten einer bestimmten Ordnung wird das mathematische Konzept der Wahrscheinlichkeit benutzt. Um diese zu messen, muss der Verteilprozess genügend oft wiederholt werden. Für die Messung der Wahrscheinlichkeit w eines bestimmten Ergebnisses ist entscheidend, wie oft (c) eine unterscheidbare, identifizierbare Verteilung D im Verhältnis zu der gesamten Anzahl Wiederholungen W des Verteilprozesses vorkommt: $w = cD/W$.

Wenn ein Verteilprozess keine Präferenz(en) hat: Bei genügender Wiederholung des Verteilungsvorgangs zeigt sich jede Ordnung als gleich häufig. Dann wiederspiegelt bereits die Anzahl möglicher Resultate (Anzahl Elemente eΩ der Ergebnismenge Ω) die Eintrittswahrscheinlichkeit eines konkreten Ergebnisses des gegebenen Verteilprozesses von x Objekten auf y Plätze. Ist diese Anzahl möglicher Ergebnisse gross, ist die Vorhersagbarkeit eines konkreten Ergebnisses klein, weil seine Eintrittswahrscheinlichkeit klein ist. Beispiel: Werden Plätze per Los Objekten zugeordnet, gibt es nach vielen Wiederholungen eine Vielzahl von Ordnungen, von denen jede etwa gleich häufig ist. Die Vorhersagbarkeit eines konkreten Ergebnisses ist daher klein, das heisst die Unvorhersagbarkeit eines konkreten Ergebnisses wächst mit der Anzahl der möglichen Ordnungen (eΩ).

Wenn ein Verteilprozess Präferenz(en) hat: Die Eintrittswahrscheinlichkeit einer konkreten Ordnung bei einem vielfach wiederholten Verteilprozess mit Präferenz(en) ist nicht nur von der Anzahl der möglichen Resultate, sondern auch von der unterschiedlichen Häufigkeit, mit der die einzelnen Resultate auftreten, beeinflusst. Für die Messung der Wahrscheinlichkeit w eines bestimmten Ergebnisses ist entscheidend, wie oft (c) eine unterscheidbare, identifizierbare Verteilung D im Verhältnis zu der gesamten Anzahl Wiederholungen W des Verteilprozesses vorkommt: $w = cD/W$.

In diesem Fall wiederspiegelt die gesamte Häufigkeitsverteilung der möglichen Resultate, wie vorhersagbar der Ausgang eines wiederholten Verteilungsvorgangs ist. Tritt bei Wiederholung des Vorgangs eine bestimmte Ordnung sehr häufig auf und alle anderen sehr selten, ist der Ausgang des Verteilprozesses selbst bei grossem $e\Omega$ vergleichsweise gut vorhersagbar, da es sehr wahrscheinlich ist, dass als Resultat die häufigste Verteilung auftritt.

Ein Beispiel für gut vorhersagbare Resultate sind die Simulationen von Kollisionen in den Strukturen 1 und 2 (vgl. Kapitel 6.1.4). Werden die Simulationen mit einer ähnlichen Gesamtzahl an Kollisionen oft wiederholt, entstehen immer sehr ähnliche Häufigkeitsverteilungen. Die Abschnitte mit wenig und die Abschnitte mit viel Kollisionen bleiben immer dieselben. Die relative Häufigkeit der Anzahl Kollisionen pro Abschnitt bleibt gleich. Als repräsentative Beispiele von jeweils einer Simulation mit einer

Gesamtzahl von mehreren 10'000 Kollisionen dienen die folgenden Abbildungen 12 und 13. Die Bezeichnung der Abschnitte a1, k3 etc. entspricht jenen in den Abbildungen 2 beziehungsweise 3 im Haupttext (vgl. Kapitel 6.1.4).

Abbildung 12 (nächste Seite): Verteilung der Kollisionen in Struktur 1 (Vergrösserung der Abbildung 4 in Kapitel 6.1.4)

Abbildung 13 (übernächste Seite): Verteilung der Kollisionen in Struktur 2 (Vergrösserung der Abbildung 4 aus Kapitel 6.1.4)

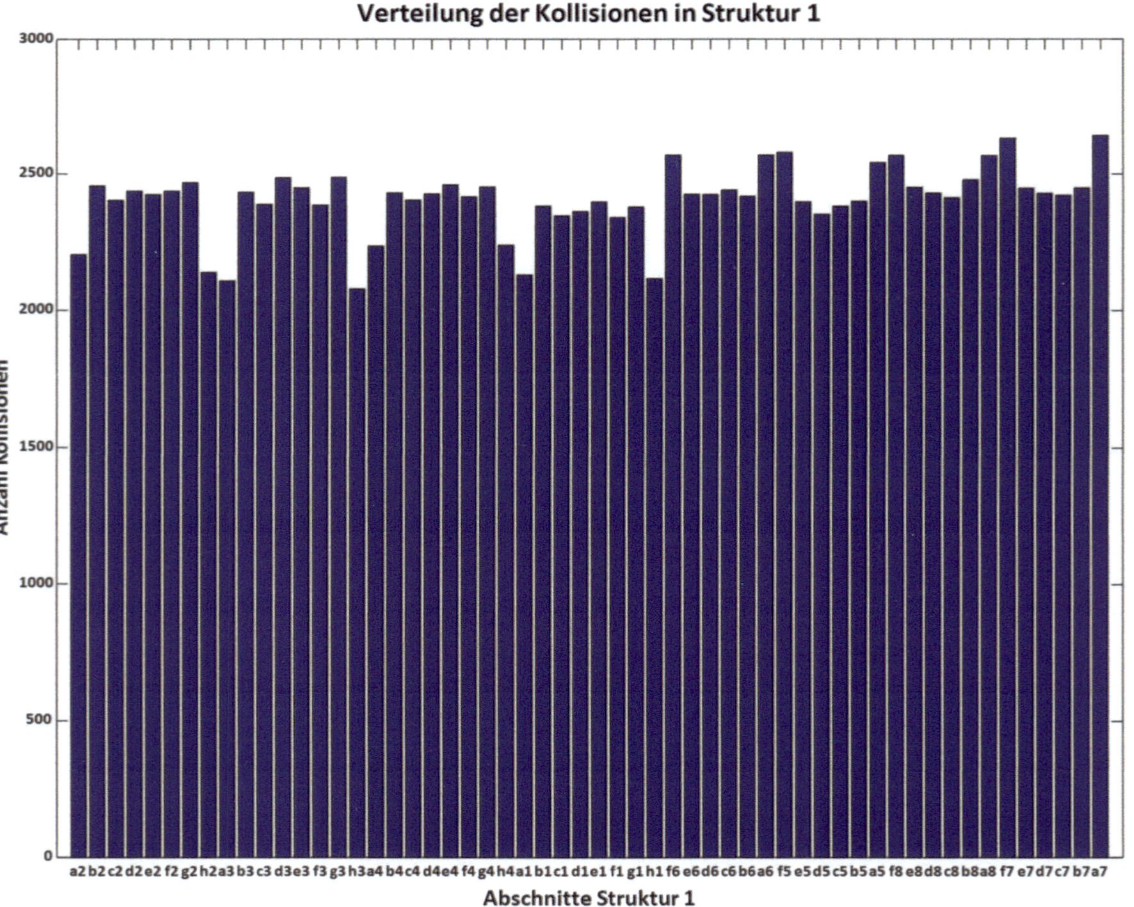

Verteilung der Kollisionen in Struktur 1
Anzahl Kollisionen
3000
2500
2000
1500
1000
500
0
a2 b2 c2 d2 e2 f2 g2 h2 a3 b3 c3 d3 e3 f3 g3 h3 a4 b4 c4 d4 e4 f4 g4 h4 a1 b1 c1 d1 e1 f1 g1 h1 f6 e6 d6 c6 b6 a6 f5 e5 d5 c5 b5 a5 f8 e8 d8 c8 b8 a8 f7 e7 d7 c7 b7 a7
Abschnitte Struktur 1

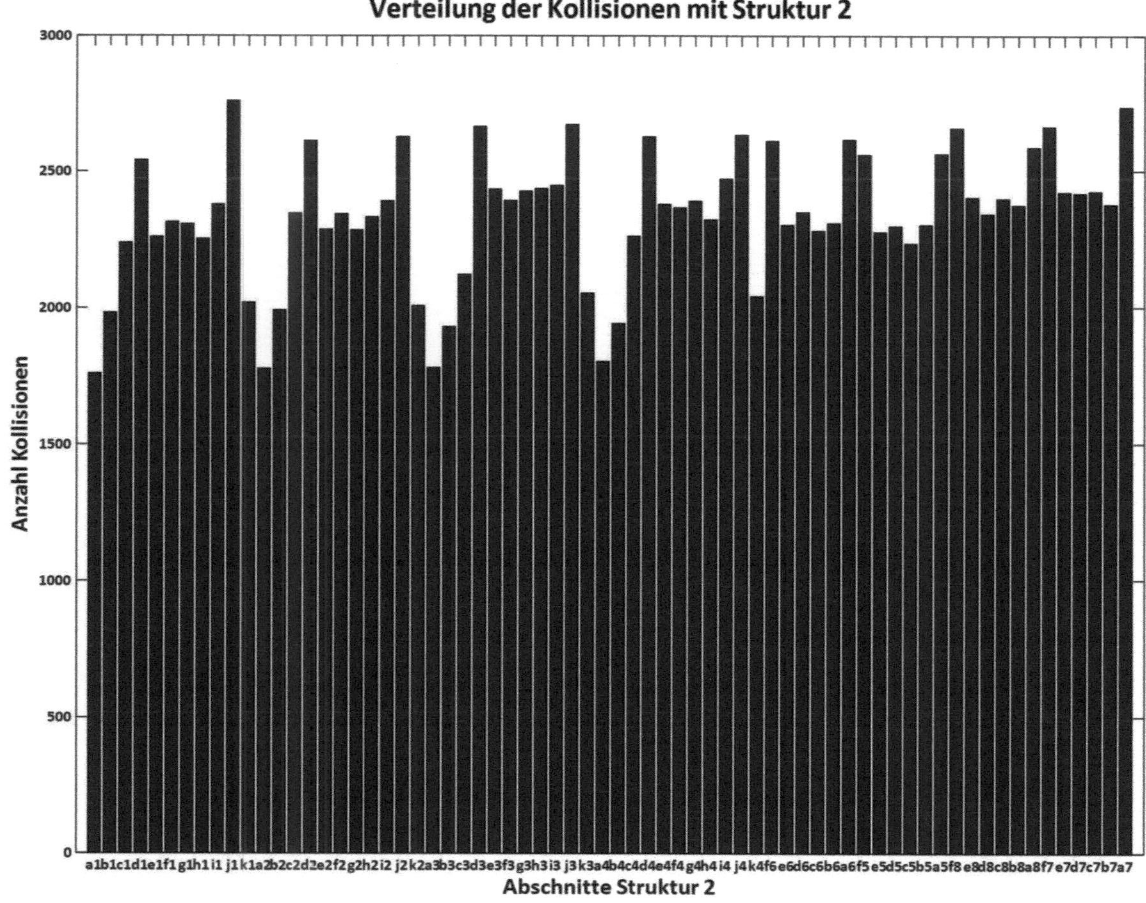

Verteilung der Kollisionen mit Struktur 2
Anzahl Kollisionen
3000
2500
2000
1500
1000
500
0
a1 b1 c1 d1 e1 f1 g1 h1 i1 j1 k1 a2 b2 c2 d2 e2 f2 g2 h2 i2 j2 k2 a3 b3 c3 d3 e3 f3 g3 h3 i3 j3 k3 a4 b4 c4 d4 e4 f4 g4 h4 i4 j4 k4 f6 e6 d6 c6 b6 a6 f5 e5 d5 c5 b5 a5 f8 e8 d8 c8 b8 a8 f7 e7 d7 c7 b7 a7
Abschnitte Struktur 2

Es kann versucht werden, den Informationsgehalt einer Ordnung mit den Worten des Verteilungsmodells zu interpretieren. Dabei geht es ausdrücklich um den strukturellen oder syntaktischen Informationsgehalt laut der Informationstheorie und nicht um den Bedeutungsinhalt eines Ergebnisses für den Empfänger (Wikipedia, Informationsgehalt, 2018).

Der kleinste mögliche Verteilprozess besteht aus einem Objekt und einem Platz. Wiederholt man den Prozess, gibt es zwei mögliche Ergebnisse (das heisst zwei mögliche Verteilungen, zwei mögliche Ordnungen): Der Platz enthält ein Objekt oder der Platz enthält kein Objekt. Ein Beispiel dafür ist das Auswerfen und Einziehen eines Angelhakens. Nach jedem «Prozess» hängt am Haken ein Fisch oder er ist leer, wie vorher.

Wären nun die beiden Ergebnisse «Objekt» und «kein Objekt» gleich häufig (was in der Natur beim Fischen kaum vorkommt) und der Verteilprozess von den Objekten zum einzigen Platz hin ganz zufällig, dann wäre die relative Häufigkeit w einen Fisch an Land zu ziehen bei jedem Auswerfen/Einholen-Prozess w=0.5. Gemäss der Informationstheorie und ihren Definitionen enthält der Angelhaken nach einem derartigen Verteilprozess mit 2 möglichen und gleich wahrscheinlichen Ergebnissen, die grundlegende unzerlegbare Informationseinheit $I = -ld(1/w)$

= -ld (1/0.5) = 1 bit. Das Gleiche gilt für eine geworfene ideale Münze. Das Ergebnis enthält in jedem Fall 1 bit.

Der strukturelle (syntaktische) Informationsgehalt ist nicht mit dem semantischen (Bedeutungs-) Inhalt oder dem praktischen Wert der Information für den Empfänger zu verwechseln.

Sind die Ergebnisse eines wiederholten Verteilprozesses nicht gleich häufig, enthalten laut der Informationstheorie seltene Ergebnisse mehr Information als häufige. Der Informationsgehalt eines Ereignisses wächst laut der Theorie logarithmisch mit der Unwahrscheinlichkeit seines Eintretens (Wikipedia, Informationsgehalt, 2018). Der Informationsgehalt nimmt also mit der Wahrscheinlichkeit, dass Selektion stattgefunden hat, zu (logarithmisch) und nimmt daher auch mit der Wahrscheinlichkeit, dass es sich nicht um ein Zufallsergebnis handelt, (logarithmisch) zu. Aus der Sicht des Verteilungsmodells weisen demgegenüber bei Ungleichverteilung nicht nur sehr seltene Ergebnisse auf die Entstehung der Ungleichverteilung durch Selektion hin, sondern auch sehr häufige Ergebnisse.

Quantitative Aussage 4: Die Unbestimmtheit eines Verteilprozesses

Der ursprünglich in der Thermodynamik verwendete Begriff der Entropie wurde von Bolzmann statistisch gedeutet (Wikipedia, Entropie, 2018). Laut seiner Deutung wächst die Entropie logarithmisch mit der Anzahl möglicher Mikrozustände (=Phasenraumvolumen Ω). Fasst man die möglichen Mikrozustände als mögliche Ergebnisse wiederholter Verteilung der Teilchen auf Plätze auf, entspricht die Anzahl möglicher Mikrozustände der Anzahl möglicher Ergebnisse. Dies gilt sofern Gleichverteilung herrscht, das heisst der Verteilprozess keine Präferenz hat, das heisst zufällig abläuft. Je mehr Ergebnisse möglich sind, desto unbestimmter ist der Ausgang des ganzen Verteilprozesses. Bei einer gegebenen Anzahl und Art von Objekten, einem gegebenen Verteilprozess und einer gegebenen Art von Plätzen ist ein bestimmtes Ergebnis (Momentaufnahme einer Verteilung) umso weniger voraussagbar, je mehr Plätze zur Verfügung stehen, das heisst je mehr verschiedene Verteilungen (Momentaufnahmen) möglich sind. Da aber immerhin in der Thermodynamik bei genügend Wiederholungen alle möglichen Mikrozustände (möglichen Ergebnisse) gleich häufig sind, ist die Voraussagbarkeit einer bestimmten Ordnung unter den genannten Voraussetzungen direkt abhängig von der Anzahl Plätze, die zur Verfügung stehen. Mit den Worten des Verteilungsmodells ausgedrückt ist die statistische gedeutete Entropie ein Mass, für die Unvorhersagbarkeit einer bestimmten Ordnung bei einem Verteilprozess ohne Präferenz. Ist die Entropie gross, ist die Vorhersagbarkeit eines bestimmten Mikrozustandes klein. Da bei Gleichverteilung alle Mikrozustände gleich häufig vorkommen, gilt eine quantitative Aussage über die Vorhersagbarkeit eines bestimmten Mikrozustandes ebenso für jeden anderen der möglichen Mikrozustände. Mit dieser Sichtweise ist die Entropie der statistischen Physik, wie sie von Bolzmann verstanden wurde, als ein Mass für die Unbestimmtheit des Ausgangs eines Verteilprozesses aufzufassen. Schliesst man die Wiederholungen mit ein, ist die Entropie ein Mass für die Unbestimmtheit der Verteilung zu einem bestimmten Zeitpunkt.

Diese rein statistische Interpretation der Entropie ist nicht zu verwechseln mit der thermodynamischen Interpretation des Begriffs Entropie.

Quantitative Aussage 5: Die Bestimmtheit eines Verteilprozesses

Eine etwas andere Sichtweise bringt uns zurück zum Begriff der Vorhersagbarkeit einer bestimmten Ordnung. Je mehr mögliche Ergebnisse es bei einem wiederholten zufälligen Verteilprozess gibt, desto tiefer ist die Vorhersagbarkeit eines bestimmten Ergebnisses. Anders gesagt, desto unbestimmter ist der Ausgang des zufallsbestimmten Verteilprozesses. Ist der Verteilprozess aber selektiv, sind die Häufigkeiten der möglichen Ergebnisse ungleich verteilt. Die Eintrittswahrscheinlichkeit, das heisst Vorhersagbarkeit, für häufige Ergebnisse ist dann gross, für seltene klein. Je ungleicher verteilt die Häufigkeiten sind und je kleiner die Anzahl der möglichen Ergebnisse ist, desto vorhersagbarer sind die wenigen häufigen Ergebnisse, oder mit anderen Worten, desto bestimmter ist der

Ausgang des selektiven Verteilprozesses. In gewisser Weise handelt es sich dabei um das Gegenteil der Unbestimmtheit bei einem zufälligen Verteilprozess, also um das Gegenteil einer «statistischen Entropie». Das heisst, man kann die Bestimmtheit des Ausgangs eines selektiven Verteilprozesses als statistische Negentropie auffassen.

Quantitative Aussage 6: Die Selektivität eines Verteilprozesses

Wenn die Verteilregel lautet «Nicht jedem Objekt ein Platz», z.B. wenn der Verteilprozess ein Examen ist (ein Verteilprozess vom Typ 4C gemäss Tabelle 1), dann kann die Selektivität des Prozesses mit Zahlen ausgedrückt werden: Das Verhältnis der Anzahl Objekte im Ergebnis, das heisst auf den Plätzen auftauchenden Objekte (oD) zur Gesamtzahl der am Anfang zu verteilenden Objekte (oA) ergibt die Selektivität S des Verteilers: S = oD/oA. Nur 60 von 100 Schülern sind beim Examen erfolgreich und haben einen der wenigen vorhandenen Plätze, die Selektivität des Verteilers ist 3/5. Die Durchfallquote q ist 2/5, das heisst q = 1 − oD/oA.

Quantitative Aussage 7: Messbare Aspekte bestimmter Veränderungsrichtungen

Messbare Aspekte von Veränderungsrichtungen sind unter anderem Muster in der Abfolge von qualitativen Änderungen an Objekten bei Wiederholungen (es gibt neben Standardprodukten auch Bio-, Fairtrade- und vegane Ob-

jekte im Angebot), quantitative Änderungen an Objekten
(die Anzahl Produkte nimmt zu) bei Wiederholungen,
qualitative Änderungen der Plätze (neue Kinosessel, Veränderung der vorhandenen ökologischen Nischen, Änderung des Konsumentenverhaltens...), quantitative Änderung
der Plätze (mehr Plätze im Kino, neue Lebensräume,
mehr Konsumenten...) oder Muster in der Veränderung
der Ergebnismenge Ω (Veränderung der Häufigkeiten der
verschiedenen möglichen Ergebnisse - zum Beispiel finden
mehr Bio-Produkte und weniger Standardprodukte einen
Käufer... . Mehr verschiedene mögliche Ergebnisse —
neben Bio- und Standardprodukten finden zusätzlich Fair-
trade- und vegane Produkte Käufer...).

Anhang 3 - Ursachen der Veränderung von Ordnung

Bei wiederholten Ordnungsvorgängen treten Änderungen auf. Bei den Organismen entstehen Tier- und Pflanzenarten, bei den Tönen entstehen Musikstile, bei Codierungen Codearten, in der Chemie Molekülarten, im Atom vielleicht sogar Elementarteilchenarten und so weiter. Ursache für die Entstehung solcher Veränderungen sind im Verteilungsmodell Variation zwischen den Objekten und Selektion durch den Verteilprozess. Ursachen der Variation sind unterschiedliche Kombinationen von bestehenden Teilen. Ursachen der Selektion sind physikalische Kräfte.

Will man Veränderung einer Ordnung ermöglichen, ist durch Kombination Variation zu schaffen. Falls selektiv wirkende Kräfte vorhanden sind, entsteht eine «Auslese», die eine veränderte Häufigkeit der Objektvarianten zur Folge haben kann.

Deutlich gemacht werden kann dies am Beispiel der Musik. Ein Rhythmus oder eine Melodie kann als Ordnung aufgefasst werden: Töne (Objekte) werden durch Musiker oder Programme (Verteilprozesse) auf «Plätze» verteilt. Die Melodie oder der Rhythmus werden immer wieder gespielt (der Ordnungsvorgang wird wiederholt). Dabei können die «gleichen» Töne leicht variieren (verschiedene Kombination der Frequenzen, verschiedene Lautstärken, verschiedene Dauer). Variation kann durch «Kopier-Fehler» entstehen oder auch dadurch, dass die gleichen Töne mit anderen Instrumenten gespielt werden. Es entstehen verschiedene mögliche Resultate (die Ergebnismenge Ω, die Menge der Coverversionen). Werden alle Coverversionen gleich häufig gespielt, besteht Gleichverteilung. Wird eine Version deutlich häufiger gespielt als die anderen, ist Selektion im Spiel - entweder ziehen die Musiker die Version vor, oder aber das Publikum zeigt den Musikern an, diese Version sei häufiger zu spielen.

Anhang 4 - Beurteilung der Qualität einer Ordnung

Was beurteilt wird, ist abhängig vom Vergleichsrahmen. Die folgenden Listen mit Fragen können helfen, diesen Rahmen zu bestimmen. Jeder der untenstehenden Punkte kann sehr aufwändige Überlegungen erfordern. Die Listen enthalten nur Beispiele.

Beurteilung der Ordnung:

1. Beurteilung der Art der Ordnung: Geht es um die Ordnung von Elementarteilchen, kosmischen, biologischen, geistigen oder technischen Strukturen? Handelt es sich bei den angehäuften Elementen um Protonen, um Moleküle, um Kühe oder Galaxien?

2. Diversität: Anzahl Elementtypen (= Anzahl Merkmalstypen oder ein komplizierteres Diversitätsmass, das noch die Abundanz der Merkmalstypen einbezieht, wie es in der Biologie entwickelt wurde). Kommen Protonen und Elektronen vor und wie viele von jeder Sorte, gibt es Giraffen, Elefanten und Nashörner und wie viele von jeder Art?

3. Komplexität: Anzahl Relationen zwischen den Elementen oder ein komplizierteres Mass, das die Diversität der Relationen miteinbezieht, zum Beispiel die Anzahl verschiedener Relationstypen. Im System Wald kommen

wie viele verschiedene Relationen zwischen Organismen aber auch zwischen abiotischen Teilen vor?

4. Reaktionsfähigkeit der Anhäufung: Anzahl und Grösse der Ressourcen, die der betrachteten Ordnung zur Verfügung stehen (wie Können, Population, Energie, Individuen, Lebensraum, Naturgesetze, Organisation, Konstanz oder Dauer). Welche Ressourcen kann das System Wald mobilisieren, um auf Klimaveränderungen zu reagieren?

5. Gefahr für die Ordnung: Art der Gefahr, Häufigkeit und Ausmass der Ereignisse, das heisst Risiken, denen die Ordnung ausgesetzt ist. Welchen Ereignissen oder Prozessen ist die Anhäufung von Bäumen, der Wald, ausgesetzt? Gefährden Trockenheit, Hitze, Waldbrände oder Erdbeben den Wald an einem bestimmten Ort?

6. Entwicklungsrichtung der Ordnung: Ist ein Veränderungs-Trend feststellbar?

Beurteilung des Typs des Verteilprozesses:

1. Welche «Unterscheidungsfähigkeit» (Trennwirkung) kann dem Verteilprozess in Bezug auf die Objekte und Plätze zugeschrieben werden? Kann er Objekte unterscheiden oder nur Mengen von Objekten oder nichts? Kann er gar Merkmale einzelner Objekte oder Plätze unterscheiden?

2. Welche Unterscheidungsfähigkeit kann dem Beobachter

in Bezug auf die Objekte und Plätze zugeschrieben werden?

3. Welche Zuordnungsregeln gelten? Jedem Objekt genau ein Platz oder nicht jedem Objekt ein Platz oder jedem Objekt mindestens ein Platz? Oder anderes?

4. Erfolgt die Zuordnung zu gleichen Teilen auf jeden Platz oder zu ungleichen Teilen?

5. Ist der Objekt- und Platzvorrat begrenzt oder unbegrenzt? Sind mehr Objekte als Plätze vorhanden oder umgekehrt?

6. Bleibt im Verlauf des Verteilprozesses die Anzahl Objekte oder Plätze gleich oder nimmt sie zu oder ab?

Beurteilung der Qualität der Selektion:

Was beurteilt wird, ist abhängig vom Vergleichsrahmen, welcher zum Beispiel sein kann:

1. Beurteilung der Art der Selektion: Inventar und Beschreibung der wirkenden Kräfte, Zuteilung in einem System der Selektionen. Ist die Selektion inneratomar, geschlechtsspezifisch, demokratisch oder intransparent?

2. Beurteilung der Stärke der Selektion: Anzahl Elemente, die den Filter passieren im Verhältnis zur Anzahl, die den Filter nicht passieren. Welcher Anteil an Schülern passieren die Prüfung und erhalten einen Platz in der nächsten Stufe?

3. Zielerreichung der Selektion: Anzahl der Elemente, welche den Filter passieren im Verhältnis zur Anzahl, die als Ziel vorgegeben wurde. Sind die vorgesehenen 10 Piloten pro Jahr bis zum Abschluss ausgebildet worden oder waren es nur 8?

4. Diversität der Selektion: Anzahl Elementtypen (= Anzahl Merkmalstypen oder ein komplizierteres Diversitätsmass, das noch die Abundanz der Merkmalstypen einbezieht) die getrennt werden. Wurden mit dem Test Legastheniker, Lernbehinderte, Fremdsprachige und die Übrigen auseinandergehalten?

5. Komplexität der Selektion: Anzahl miteinander in Beziehung stehende Selektionsetappen, die Elemente durchlaufen oder ein komplizierteres Mass. Wie viele Prüfungen an einer Schule mit wie stark abgestufter Gewichtung gibt es? Welche Kompetenzen in welchen Fächern werden gemessen?

6. Reaktionsfähigkeit der Selektion: Anzahl und Grösse der Ressourcen, die dem Selektionsprozess zur Verfügung stehen. Welche Ressourcen kann das Ausbildungssystem mobilisieren, um die Selektion an die Anforderungen der Berufswelt anzupassen?

7. Gefährdung der Selektion: Anzahl, Art und Ausmass der Ereignisse, denen der Prozess ausgesetzt ist. Gefährdet die Privatisierung der obligatorischen Schule die Selektion der Schüler nach deren Kompetenzen?

Anhang 5 - Abstammungsgeschichtliches System der Strukturen

Grundsätzlich können alle bekannten Strukturen, auch die technischen und die dazugehörenden Theorien, abstammungsgeschichtlich geordnet werden. Methoden dafür können der biologischen Klassifikation und Systematik entlehnt werden.

Die Abstammungsgeschichte aller bisher bekannten Strukturen umfasst etwa folgende Teile:

Plasma aus Quarks, Elektronen und Neutrinos: Zuerst entstanden in einem sehr heissen Plasma einige Elementarteilchenarten. Später blieben Elektronen, Protonen und Neutronen übrig, sowie ihre Bausteine, die Quarks. Die bisherigen Zusammenstellungen der bekannten Elementarteilchen sind nicht konsequent abstammungsgeschichtlich geordnet, sondern nach anderen Kriterien.

Atome: Als nächste Strukturen entstanden die Atomkerne von schwerem Wasserstoff und Helium. Erst darauf entstanden neutrale Atome mit dauerhaft gebundenen Elektronen. Die Bildung der schwereren chemischen Elemente vollzog sich im Kern von Sternen und bei Supernova Explosionen. Die meistgenutzte Zusammenstellung der bekannten Atome, das Periodensystem, ist bisher nicht konsequent abstammungsgeschichtlich geordnet, sondern nach anderen Kriterien

Strahlungen: Auch Strahlungen können als Strukturen verstanden werden, die abstammungsgeschichtlich geordnet werden können.

Massenansammlungen wie Sonnen, Planeten, Galaxien und Galaxienhaufen

Die bekannten Darstellungen der masseartigen Strukturen sind nicht konsequent abstammungsgeschichtlich geordnet.

Moleküle: Auch Moleküle können als Strukturen verstanden werden, die abstammungsgeschichtlich geordnet werden können.

Lebewesen: Die Typisierung der bekannten Organismen nach abstammungsgeschichtlichen Kriterien und ihre Einordnung in einem abstammungsgeschichtlichen System ist weit fortgeschritten. Verschiedene Methoden der abstammungsgeschichtlichen Klassifikation sind erarbeitet und ihre Vor- und Nachteile sind bekannt.

Technische Strukturen: Teilweise parallel zur Entstehung der Lebewesen begann auf der Erde die Entwicklung technischer Strukturen. Sehr frühe technische Strukturen sind zum Beispiel Nester. Die Entwicklung von Handwerkzeugen und Maschinen hat sich in den letzten Jahrhunderten im Lebensraum der Art Menschen verstärkt. Diese Strukturen haben es uns ermöglicht, weitere Räume zu erschliessen. Die heute bekannten, verschiedenartigen technischen Strukturen sind nicht abstammungsgeschichtlich klassifiziert und in ein abstammungsgeschichtliches System eingeordnet. Es gibt selbst Argumente, Kategorien, Denkstrukturen und Theorien den technischen Strukturen zuzuordnen.

Plasma aus Quarks, Elektronen und Neutrinos:

In einem sehr heissen Plasma entstanden zu Beginn einige Elementarteilchenarten. Später blieben Elektronen, Protonen und Neutronen übrig, sowie ihre Bausteine, die Quarks.

Atome:

Als nächste Strukturen entstanden die Atomkerne von schwerem Wasserstoff und Helium. Erst darauf entstanden neutrale Atome mit dauerhaft gebundenen Elektronen. Die Bildung der schwereren chemischen Elemente vollzog sich im Kern von Sternen und bei Supernova Explosionen.

Strahlungen:

Strahlungen entstanden.

Massenansammlungen wie Sonnen, Planeten, Galaxien und Galaxienhaufen:

Masseansammlungen entstanden.

Moleküle:

Verschiedene Moleküle entstanden.

Lebewesen:

Auf der Erde folgte die biologische Evolution. Verschiedene Methoden der abstammungsgeschichtlichen Klassifikation der Organismen sind erarbeitet.

Technische Strukturen:

Teilweise parallel zur Entstehung der Lebewesen folgte auf der Erde die Evolution technischer Strukturen. Sehr frühe technische Strukturen sind zum Beispiel Nester, neuere sind Maschinen und Computer. Es gibt gute Argumente um auch Denkstrukturen und Theorien als Werkzeuge zu sehen und sie den technischen Strukturen zuzuordnen.

zukünftige Strukturen

Abbildung 14: Grundzüge eines abstammungsgeschichtlichen Systems der Strukturen

Anhang 6 - Der Spezialfall der Normalverteilung

Normalverteilung wird eine Verteilung mit folgendem Aussehen genannt:

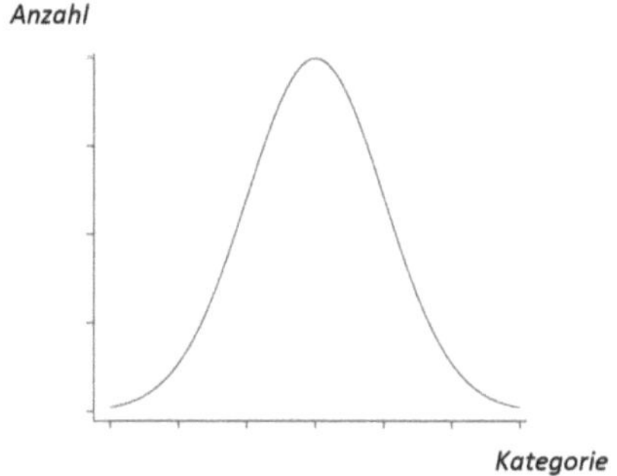

Abbildung 15: Schema einer Normalverteilung

Gemäss dem Verteilungsmodell handelt es sich bei einer Verteilung (Ordnung) entweder um eine zufällige Schwankung, um eine selektionsbedingte Häufung oder um eine Mischung aus diesen beiden. Anhand zweier Beispiele wird dies im Folgenden erläutert.

Beispiel Normalverteilung beim Münzenwurf:

Die Form des Wurfgegenstandes wirkt selektiv, es sind im Idealfall zwei Resultate möglich – Kopf oder Zahl (im Gegensatz zum Wurfgegenstand Würfel, wo sechs Resultate möglich sind). Man notiert von 100 Würfen die Anzahl Kopf und Zahl, zum Beispiel 43:57. Man simuliert die 100 Würfe 500-mal. Zeichnet man die 500 Resultate geordnet übereinander in einer Graphik auf (die extremsten Werte zuunterst, die am nächsten bei 50:50 zuoberst) erhält man eine Glockenkurve. Sie ist durch Selektion entstanden: Die Werte pendeln um einen bestimmten Wert, hier 50:50 sofern, und das ist der selektiv wirkende Aspekt, sofern die Münze eine genau homogene Gewichtsverteilung und eine genau symmetrische Form aufweist. Die Werte innerhalb der Schranken der Selektion sind jedoch zufällig entstanden und auch so verteilt. Es handelt sich in diesem Fall also um eine Mischung aus selektionsbedingter Häufung und zufälliger Schwankung.

Beispiel Verteilung der Teilchengeschwindigkeiten in einem idealen Gas:

In einem geschlossenen thermodynamischen System bewegen sich Teilchen. Sie können viele verschiedene Mikrozustände einnehmen. In der Mechanik besteht ein Mikrozustand aus der vollständigen mikroskopischen Beschreibung eines thermodynamischen Systems. Für ein klassisches ideales Gas sind damit Ort und Impuls jedes Teilchens festgelegt.

Hält man die Bewegung der Teilchen virtuell an, kann man sich unter einem Mikrozustand ein Foto mit Teilchen und ihren Bewegungsvektoren vorstellen. Der Zustand der räumlichen Verteilung entspricht dem Resultat einer Verteilung von Teilchen im Raum und einer Verteilung der Impulse auf die Teilchen. Wir nehmen an, die Teilchen seien alle gleich gross, haben die gleiche Form und die gleiche Masse. Blenden wir die Impuls-Vektoren kurz aus, so entspricht dieser Zustand dem Resultat eines Verteilungsprozesses von Teilchen auf Plätze im Raum. Dies entspricht gemäss vorliegender Arbeit einer Ordnung. Als Verteilungsprozess wird hier die Gesamtheit der Bewegungen bezeichnet. Da das System dynamisch ist, kann es viele verschiedene räumliche Ordnungen einnehmen. Der Verteilprozess im Raum kennt keine Präferenzen, weder Teilchen noch Raumpunkte können vom «Verteiler» unterschieden werden. Dadurch kommen bei genügend langer Betrachtung (entspricht einer vielfachen Wiederholung des Verteilungsvorganges), alle möglichen Verteilungen der Teilchen im Raum gleich häufig vor. Es herrscht Gleichverteilung. Gibt es viele verschiedene mögliche Ordnungen (bei Gleichverteilung), ist die Anzahl Ordnungen (hier Anzahl räumlicher Mikrozustände) ein Mass für die Bestimmtheit des Verteilprozesses. Ist die Anzahl Ordnungen (bei Gleichverteilung) gross, ist die Bestimmtheit des Verteilprozesses klein und dadurch die Vorhersagbarkeit einer bestimmten räumlichen Ordnung klein ebenfalls klein. Die Teilchenkonzentration oder -dichte im Raum kann bestimmt werden. Betrachtet man sie (wieder lange genug, das heisst mit vielen Wiederholungen der Verteilung) ist sie überall im Raum gleich.

Betrachten wir nun die Verteilung der Impulse auf die Teilchen. Da alle Teilchen die gleiche Masse haben, reduziert sich die Betrachtung auf die Verteilung der Geschwindigkeiten. Diese sind selbst in einem geschlossenen thermodynamischen System nicht gleich verteilt (Wikipedia, Maxwell-Boltzmann-Verteilung, 2018). Die von Maxwell vorhergesagte Häufigkeitsverteilung der Geschwindigkeitsbeträge entspricht etwa einer Glockenkurve, das heisst einer Normalverteilung. Laut der vorliegenden Arbeit ist dies keine Gleichverteilung, sondern eine Häufung. Einige Geschwindigkeiten kommen häufiger vor als andere.

Häufungen können aber laut der vorliegenden Analyse nur entstehen, wenn der Verteilmechanismus Präferenzen aufweist. Die Häufung muss, aus dieser Sicht, aufgrund eines selektiven Verteilprozesses entstehen. Welches ist also hier der relevante Verteilmechanismus für die Geschwindigkeit? Im Fall der Geschwindigkeitsverteilung ist sicher die Temperatur eine wichtige Grösse. Sie gilt als Indikator für die durchschnittliche, im System vorhandene Bewegungsenergie der Teilchen. Die vorhandene Bewegungsenergie bestimmt die Höhe der häufigsten Geschwindigkeit. Um diese häufigste Geschwindigkeit verteilen sich die anderen Geschwindigkeiten, man nimmt an zufällig. Durch eine gegebene Temperatur sind also auch die häufigsten Werte gegeben, die weniger häufigen Teilchengeschwindigkeiten verteilen sich eher zufällig um diesen Wert. Dabei ist die gegebene Temperatur der selektiv wirkende Aspekt, ähnlich wie im oben erwähnten Beispiel die Form der Münze. Es entsteht bezüglich Teilchengeschwindigkeit je Temperatur eine Glockenkurve. Die Normalverteilung ist auch in diesem Fall eine Mischung aus selektionsbedingter Häufung und zufälliger Schwankung.

Anhang 7 - Energetische Aspekte von Verteilungen

Fragestellungen in Zusammenhang mit Energie und Ordnung:

Folgende Fragen weisen auf energetische Aspekte von Verteilungen hin: Wieviel Energie wird benötigt, um eine Abweichung von einer Gleichverteilung zu erzeugen? Welche Verteilung ist energetisch am günstigsten? Wieviel Energie ist in einer Verteilung (Ordnung) enthalten?

Erzeugung einer Abweichung von der Gleichverteilung- wieviel Energie ist nötig?

Ein Beispiel dazu liefert die im Hauptteil beschriebene Simulation. Sie stellt in der hier vertretenen Sichtweise einen vielfach wiederholten dynamischen (nicht thermodynamischen) Verteilprozess dar. Das Programm für die Simulation der komplexeren der beiden Strukturen weist mehr Zeichen auf, als jenes der einfacheren Struktur. Die kompliziertere Form der Struktur musste aufwändiger hergestellt werden. Die Herstellung des Programms für die Simulation benötigte mehr Energie, wenn auch nicht viel mehr. Beim Bau eines Behälters müsste mehr Material und damit mehr Energie für die Herstellung der komplizierteren Form verwendet werden. Diese Form enthält das Potential, während der Simulation selektiver auf die

Bewegungsrichtung der Teilchen zu wirken, als die einfachere Form. Allgemeiner ausgedrückt enthält die kompliziertere Form das Potential, beim Verteilprozess bezüglich der Bewegungsrichtung der Teilchen ausgeprägtere Präferenzen zu bewirken als die einfachere Form. Resultat der Simulation ist, dass eine deutlichere Ungleichverteilung entsteht, als bei der einfacheren Form. Die komplexere Form enthält so viel potentielle Energie mehr als die einfache Form, wie nötig ist, um die stärkere Abweichung von der Ungleichverteilung zu bewirken.

Die unterschiedlichen Verteilungen der Kollisionen hängen mit dieser Sichtweise ursächlich mit der unterschiedlichen Form der beiden Strukturen zusammen. Die Form übt also, bei Kollisionen von Teilchen mit ihr, Kräfte aus, welche sich auf die Bewegungsrichtung der Teilchen auswirken. Diese Kräfte sind je nach Form verschieden. Man kann die selektive Wirkung, welche die Form einer Struktur auf die Bewegungsrichtung von mit ihr zusammenstossenden Teilchen ausübt, «selektionswirksame Kraft der Form» nennen.

Wieviel Energie wird für die Abweichung von einer Gleichverteilung benötigt? Bei der Simulation wird bei der Kollision eines Teilchens mit der Struktur ein idealer elastischer Stoss zugrunde gelegt. Bei der Simulation mit einem einzelnen Teilchen hat das Teilchen vor und nach der Kollision mit der Struktur die gleiche Geschwindigkeit und die gleiche Masse. Was sich durch den Stoss ändert, ist seine Bewegungsrichtung. Nehmen wir an, wir könnten bei Simulationen mit einem einzigen Teilchen alle Bahnen zwischen zwei Stössen nach ihrer Richtung aufzeichnen. Und wir würden diese Bahnen von 1 bis 360 Grad nach Richtung ordnen. Dann müssten bei einem Verteilprozess ohne Präferenzen alle Richtungen gleich häufig vorkommen, was zu gleich häufigen Kollisionen mit jedem Abschnitt der Struktur führen würde, wie es näherungsweise bei der einfacheren der beiden im Haupttext diskutierten Strukturen der Fall ist. Bei der komplizierteren der beiden Strukturen müsste bei gleicher Anzahl Kollisionen eine ungleiche Häufigkeit der Richtungen der Teilchenbahnen feststellbar sein und damit auch eine ungleiche Häufigkeit der Kollisionen mit den verschiedenen Abschnitten der Struktur. Das entspricht dem Befund bei der ausgeführten Simulation. Da aber bei dieser Simulation mit idealen elastischen Stössen ein Teilchen vor und nach dem Stoss die gleiche Bewegungsenergie hat, darf laut dem gängigen Modell der Mechanik kein energetischer Unterschied zwischen den Wirkungen der einfachen Form und jener der komplizierteren Form bestehen. Wie kann nun der offensichtlich vorhandene Unterschied in der Wirkung der beiden Strukturen energetisch erklärt werden? Zur Erklärung ist der Einbezug der durch das einzelne Teilchen zurückgelegten Wegstrecke zwischen zwei Stössen notwendig. Werden im Falle der einfachen Form nach einer bestimmten Dauer alle in dieser Zeitspanne erfolgten Zusammenstösse mit der Struktur zusammengezählt und nebenher die zurückgelegten Wegstrecken des Teilchens zwischen zwei Stössen addiert, nehmen sie einen bestimmten Wert an.

Insgesamt legt auch das Teilchen in der komplizierteren Struktur in der gleichen Zeit die gleiche Wegstrecke zurück, wie das Teilchen in der einfacheren Struktur. Dies konnte mit der vorhandenen Simulation nicht zweifelsfrei geklärt werden, ist aber plausibel. Das Teilchen der komplexeren Struktur leistet (Arbeit mal Weg) also gleich viel wie das Teilchen der einfacheren Struktur.

Infolge der Energieerhaltung erbringen auch die beiden Strukturen beim Widerstand gegen die Stösse die gleiche Leistung. Die Summe der Kräfte, die auf die Struktur wirken, ist also in beiden Fällen gleich. Da die kompliziertere Struktur insgesamt länger ist, würden sich, bei Gleichverteilung, diese Kräfte auf eine längere Strecke verteilen. Die Beanspruchung der komplizierteren Struktur durch Stösse, das heisst ihre Leistung, wäre pro Abschnitt geringer, als jene der einfacheren Struktur. Sie könnte also schwächer gebaut sein. Da die kompliziertere Struktur aber eine ausgeprägte Selektion auf die Bewegungsrichtung des Teilchens ausübt, ist die Verteilung der Beanspruchung in dieser Struktur sehr unterschiedlich. Es gibt Abschnitte, die mehr Stösse aushalten müssen, als die am stärksten beanspruchten Abschnitte bei der einfacheren Struktur und solche die weniger aushalten müssen, als die am wenigsten beanspruchten der einfachen Struktur.

Zusammengefasst gesagt kann die Form einer Struktur energetisch relevante Aspekte wie die örtliche Verteilung der Beanspruchung dieser Struktur durch Stösse mit Teilchen beeinflussen.

Welche Ordnung ist energetisch die günstigste?

Betrachtet wird eine dynamische Ordnung. Dabei werden Objekte infolge Kollisionen mit ihrer Umgebung sowie untereinander wiederholt neu verteilt. Verteilungen haben eine Richtung. In der Wirklichkeit gibt irgendein Gefälle die Richtung der Verteilung an. Zum Beispiel verteilen sich jeden Morgen Autos auf den Strassen von Zürich nach Bern. Die Insassen gleichen irgendein Gefälle aus, zum Beispiel eine Nachfrage nach bestimmten Kompetenzen, die sie gegen Lohn eintauschen, sonst würden sie sich nicht auf den Weg machen. Der Ausgleich des Gefälles erfolgt mit einem gewissen Energieaufwand für den Transport. Gäbe es für die Fahrzeuge keine Vorgaben betreffend Richtung und Geschwindigkeit, würden sich viele Fahrzeugkollisionen ereignen, die zu Staus führen und den Gefälleausgleich behinderten, wie das während der Ausbreitung des motorisierten Personenverkehrs der Fall war. Der geordnete Verkehr brach oft zusammen. Es gab heftige Kollisionen mit verhältnismässig sehr vielen Todesfällen. Bereits vor Jahrzehnten wurde daher in vielen Ländern richtungsgetrennte Autobahnen zwischen den Zentren gebaut. Dank der selektiv wirkenden Verkehrsregeln besteht nun ein eher regelmässiger «Fluss» von Fahrzeugen mit gleicher Richtung und ähnlichen Geschwindigkeiten. Ob die Kollisionszahl geringer ist, ist schwierig zu sagen. Auf jeden Fall sind die Kollisionen weniger heftig, als wenn gleich viele Fahrzeuge mit sehr unterschiedlichen Geschwindigkeiten und ohne physische Richtungstrennung unterwegs wären. Durchschnittlich werden so in der gleichen Zeitdauer mehr Personen von Zürich nach Bern transportiert, als ohne Richtungstrennung und Geschwindigkeitsbeschränkung. Die Regulierung der Fahrzeugbewegungen senkt die Heftigkeit der Kollisionen und damit auch die Staugefahr. Dadurch erhöht sich der durchschnittliche Personentransport pro Zeitdauer. Es hat sich entlang des Gefälles ein effizienter Transport eingestellt.

Ähnliche Erfahrungen gibt es bei Dossiers, die zwecks Behandlung eine Verwaltungsstelle durchlaufen. Die Dossiers sind in Bewegung, da ein Informationsgefälle besteht. Dieses wird durch die Behandlung ausgeglichen. Die Dossiers kommen bei einer Verwaltungseinheit an, werden behandelt und verlassen die Verwaltungseinheit, zum Beispiel mit einem Bericht versehen. Gibt es keine internen Behandlungsregeln, bestimmen die mit dem Dossier verbundenen gewichtigen oder weniger gewichtigen Interessen den Ablauf der Behandlung. Staus von Dossiers sind die Folge und der Fluss verlangsamt sich oder kommt ganz zum Erliegen. Die Dossier Behandlung «bricht zusammen». Je besser die Dossiers beim Eintritt kategorisiert und der optimalen Behandlung zugeführt werden, desto weniger Kollisionen geschehen zwischen den mit den Dossiers verbunden Interessen und dem Arbeitsprozess. Die Dossiers werden störungsfreier in den Arbeitsprozess eingereiht, folgen mit einer vorhersehbaren Geschwindigkeit ihrer Bahn und werden in Qualität und Dauer angemessen behandelt. Es besteht ein stetiger Gefälleausgleich mit wenig Energieaufwand um Störungen zu beheben. Kommen hingegen Dossiers mit einem grossen «Geschwindigkeitsunterschied» in eine organisierte Verwaltungseinheit, verursachen sie schwere «Kollisionen». Staus und eine Verlangsamung der Dossier Behandlung pro Zeit ist die Folge. Die Leistung des Systems hinsichtlich Dossier Behandlung sinkt, der Wirkungsgrad ist geringer.

Überträgt man, etwas gewagt, diese Beobachtung dynamischer Verteilprozesse der Makro-Ebene auf die dynamische Mikroebene, so entsteht folgendes Bild: Der Grund für die Entstehung der im Haupttext erwähnten Bénard-Zellen liegt darin, dass sie unter den gegebenen Umständen einen energetisch günstigen Zustand darstellen. Es ist anzunehmen, dass sich das Wärmefliessgleichgewicht einstellt, das unter den gegebenen Umständen den Wärmetransport entlang des Gefälles am günstigsten gewährleistet. Was heisst hier «am günstigsten»? Es gibt drei Möglichkeiten. Entweder ist der Wärmetransport entlang des Wärmegefälle zwischen der warmen Fläche und der kalten Fläche pro Zeit möglichst hoch, der Wärmetransport ist also vergleichsweise leistungsfähig. Oder aber es wird gleich viel Wärme pro Zeit transportiert, aber bei vergleichsweise tieferem Energiegehalt des

Systems zwischen der warmen und der kalten Fläche. In diesem Fall ist der Wirkungsgrad des Wärmetransports also vergleichsweise hoch. Oder, und das ist die dritte Möglichkeit, es stellt sich eine Mischung aus beiden ein.

Wie kann man sich das im Detail vorstellen? Etwa so: Die warme Fläche wird weiter erwärmt. Das Wärmegefälle zwischen warmer und kalter Fläche nimmt daher zu. Der Druckunterschied nimmt zu. Die einzelnen Teilchen übergeben ihre «Wärmepakete» immer schneller an den «kälteren» Nachbarn. Der Wärmefluss in Richtung kühlere Fläche wird stärker. Die Kollisionen zwischen den Teilchen richten sich immer mehr nach der Wärmeflussrichtung aus. Die Kollisionen wirken mit zunehmendem Wärmegefälle immer selektiver auf die Bewegungsrichtung der Teilchen und ihre Geschwindigkeitsbeträge aus. Richtung und Geschwindigkeit verteilen sich immer gleichmässiger auf die Teilchen. Die meisten Teilchen bewegen sich in einer von zwei Hauptrichtungen. Sie beginnen, weitere Wege zurückzulegen. Konvektion stellt sich ein. Die Teilchen liefern ihr Wärmepaket direkter an der kälteren Fläche ab. Die Anzahl Zwischenstationen für die Wärmepakete sinkt. Es stellt sich eine Richtungstrennung ein. Konvektionszellen entstehen, in der Mitte der Zellen die aufsteigenden Teilchen, am Rand die sinkenden. Die Geschwindigkeitsverteilung wird infolge der vermehrt gerichteten Kollisionen von einer ausgeprägten Glockenkurve zu einer flachen Kurve. Die meisten Teilchen bewegen sich ähnlich schnell, das heisst viele Teilchen haben eine ähnliche Geschwindigkeit. Das hat wahrscheinlich zur Folge, dass durchschnittlich weniger heftige Kollisionen zwischen Teilchen stattfinden, als ohne Konvektionszellen. Dadurch sollte eigentlich die «kollisionsbedingte Energie», welche insgesamt an den Teilchen zwischen warmer und kalter Fläche haftet, abnehmen. Da es sich im Falle der Bénard-Zellen nicht nur um ein dynamisches, sondern auch um ein thermodynamisches System handelt, sollte diese Energie vom System eigentlich als Wärme an die Umgebung abgegeben werden. Sie müsste dem so genannten Entropieexport entsprechen, der sich in thermodynamischen Systemen abspielt, wenn die Anzahl möglicher Mikrozustände abnimmt, weil weniger heftige Kollisionen für Teilchen die sehr hohen Energiezustände verunmöglichen.

So kann, bei einem Gefälle, der dynamische Verteilprozess mit Präferenzen für bestimmte Teilchenbahnen, auch zu einer Zunahme von thermodynamischer Ordnung führen.

Betrachten wir die erwähnte dynamische und thermodynamische Ordnung unter dem energetischen Aspekt der Leistung oder des Wirkungsgrades, ist folgendes festzustellen. Wir haben es mit regelmässig auf die Teilchen verteilten ähnlichen Richtungen zu tun und mit regelmässig verteilten ähnlichen Geschwindigkeitsbeträgen. Diese Konstellation ermöglicht bei gewissen Wärmegefällen einen grossen Wärmetransport pro Zeit, also eine hohe Wärmetransportleistung. Dies bei vergleichsweise geringem

Energiegehalt des Systems, was insgesamt einem grossen Wirkungsgrad gleichkommt.

Mit anderen Worten heisst das, dass unter bestimmten Umständen selektive Verteilprozesse, welche auf die Bewegungsrichtung und die Geschwindigkeitsbeträge der Teilchen wirken, eine Ordnung hervorbringen, bei der sich dynamische und thermodynamische Aspekte ergänzen. Diese Ordnung entspricht einem System mit hoher Transportleistung und zudem mit hohem Wirkungsgrad.

Erhöht sich allerdings das Gefälle zu stark, zerfällt die strikte Ordnung in eine weniger strikte. Der Gefälleausgleich erfolgt zwar immer noch mittels Konvektion, aber einer weniger geordneten. Der Fall der Bénard-Zellen zeigt, dass nicht bei jeder Höhe des Energiegefälles die gleiche Ordnung entsteht. Interessant wäre, die relative Transportleistung und den Wirkungsgrad der drei Zustände i) keine Konvektion ii) zellenförmige Konvektion iii) ungeordnete Konvektion zu vergleichen.

Der Eindruck von Ordnung entsteht beim Betrachter durch den wiederholten Verteilprozess, welcher die Anzahl möglicher Teilchenbahnen und Geschwindigkeiten senkt und die Teilchenbewegungen einander stark angleicht, so dass viele nebeneinanderliegende ähnlich aussehende Konvektionszellen entstehen.

Dass Ordnung überhaupt unsere Aufmerksamkeit auf sich zieht, so die hier vertretene These, ist eine Folge der biologischen Evolution. Ist dies richtig, dann sind dynamische Verteilprozesse mit Präferenz und die daraus folgende Ordnung, so wie sie unsere Aufmerksamkeit erregt, ein Indikator für leistungsleistungsfähigen Transport und manchmal auch für hohen Wirkungsgrad. Die Wahrnehmung von Leistung und dem damit zusammenhängenden Wirkungsgrad ist lebenswichtig. Beide sind biologisch gesehen nützliche Inhalte unserer Wahrnehmung und erregen daher unsere Aufmerksamkeit.

Der zweite Hauptsatz und das Konzept der Selektion

Besteht ein ungerichtetes Gefälle irgendwelcher Art, erfolgt der Ausgleich zufällig. Besteht ein gerichtetes Gefälle, entsteht eine Präferenz der Richtung für den Ausgleich. Laut der hier vertretenen Definition von Ordnung ist, bei der Präferenz einer Richtung, Selektion im Spiel.

Der zweite Hauptsatz der Thermodynamik kann zum Beispiel so formuliert werden: Wärme kann nicht von selbst von einem Körper niedriger Temperatur auf einen Körper höherer Temperatur übergehen (Wikipedia, Zweiter Hauptsatz der

Thermodynamik, 2018). Man kann daher den zweiten Hauptsatz der Thermodynamik als Regel auffassen, welche die tatsächliche Verteilung von Wärme beschreibt. Besteht ein Wärmegefälle, entsteht eine Verteilung der «Wärmeportionen» (Objekte) auf die zur Verfügung stehenden kühleren Plätze. Das Gefälle wird im Verteilungsmodell durch den Pfeil zwischen Objekten und Plätzen symbolisiert.

Wird ein warme Speise in den Kühlschrank gestellt, gibt sie nach allen Seiten wärme ab. Die Wärme wird mit einem Verteilprozess, der, so könnte man meinen, keine Richtung bevorzugt, verteilt. Der Verteilprozess hat jedoch eine bevorzugte Richtung. Wärme verteilt sich spontan in Richtung kältere Umgebung, und nicht umgekehrt.

Der zweite Hauptsatz macht also eine Aussage darüber, ob ein Verteilprozess stattfindet oder nicht (Wärmegefälle ja oder nein). Und er sagt etwas aus, über die allgemeine Richtung eines Verteilprozesses (von warm nach kalt). Der zweite Hauptsatz sagt also, dass Wärmeverteilprozesse im Falle eines Wärmegefälles eine bestimmte Präferenz haben, also selektiv sind.

Wieviel Energie ist in einer Ordnung enthalten?

Ein etwas schwieriger nachzuvollziehendes Beispiel ist Folgendes: Für die Erstellung einer einmaligen Verteilung, ein zufälliges Mosaik aus bereitstehenden schwarzen und weissen Steinen, benötigt ein Roboter eine bestimmte Energiemenge. Abgesehen von der Energie, die es brauchte um den Roboter herzustellen, brauchte es Energie, um ihn so zu programmieren, dass sein Arm irgendeinen bereitliegenden Mosaikstein (der Roboter kann schwarz und weiss nicht unterscheiden) fassen kann und ihn auf einer vorgegebenen Fläche platzieren kann (wir nehmen an, er beginne oben links und fülle die Fläche linienweise und der Steinvorrat und das Mosaik liegen auf gleicher Höhe). Das Mosaik enthält dann zumindest die Energie, welche in den Steinen enthalten ist und jene Energie, die aufgewendet werden muss, um die einzelnen Steine eine bestimmte Wegstrecke zu transportieren. Nun wird derselbe Roboter mit einem zusätzlichen Detektor ausgerüstet und umprogrammiert, so dass er schwarze und weisse Steine unterscheiden und diese derart auf die Plätze einer Fläche verteilen kann, dass ein weisses Pferd auf schwarzem Hintergrund entsteht. Wenn alle Steine gleich gross und gleich schwer sind, die zu transportierenden Wegstrecken gleich und die Anzahl Steine pro Mosaik ebenfalls gleich sind, kann man sagen, die beiden enthalten fast gleich viel Energie. Der kleine Unterschied besteht in der unterschiedlichen Ausrüstung und Programmierung des Roboters. Die dafür notwendige Energie zählt zum Energieaufwand für die Herstellung des Pferdemosaiks und steckt daher zusätzlich in diesem Mosaik. Die gesamte potentielle «Ordnungsenergie» eines Mosaiks ist etwa so gross wie jene, die aufgewendet werden müsste, um die Steine wieder an ihren ursprünglichen Platz zurückzubringen.

Unterschiedliche Ordnungen lösen im Beobachter unterschiedliche Wahrnehmungen aus:

Kommt später ein Betrachter dazu, der keine Kenntnis des Herstellungsprozesses hat, erkennt er das zufällige Mosaik als zufällig und das Pferdemosaik als Pferd. Erkennen ist Teil eines biologischen Wahrnehmungsprozesses. Mit biologischen Prozessen ist immer ein Energieaustausch verbunden. Das Pferdebild löst im Betrachter einen anderen Wahrnehmungsprozess aus, als das Mosaik ohne erkennbares Muster. Dieser unterschiedliche Wahrnehmungsprozess ist ursächlich mit dem unterschiedlichen Programmieraufwand für den Roboter und dem unterschiedlichen Herstellungsaufwand für das Mosaik mit dem Pferd verknüpft. Der unterschiedliche Aufwand für das Pferdemosaik ist in diesem Beispiel direkt auf den grösseren Aufwand für die Programmierung der Selektion (Präferenzen für Steinfarbe und individuell identifizierbare Plätze) zurückzuführen. Dieser grössere Selektionsaufwand wird als Pferd sichtbar. Er ist so zu sagen im Bild gespeichert. Er löst im Betrachter eine andere Wirkung aus, als das zufällige Mosaik. Mit anderen Worten musste in diesem Beispiel für das Pferdemosaik mehr Selektionsaufwand betrieben werden als für das zufällige Mosaik, was dazu führt, dass die beiden Mosaike im Betrachter unterschiedliche Wirkungen (Wahrnehmungen) auslösen. Wahrnehmungen sind energiebasierte biologische Prozesse. Der Betrachter wird zum Messinstrument, welches die unterschiedliche Wirkung der beiden Ordnungen anzeigt. Ist der energetische Aufwand für die Wahrnehmung der beiden Ordnungen verschieden, kann er grundsätzlich berechnet und möglicherweise indirekt gemessen werden.

Dies ist der argumentative Hinweis, dass unterschiedliche Ordnung unterschiedliche Wahrnehmung hervorrufen kann. Das ist nicht neu. Etwas neuer ist die Frage nach der für die Wahrnehmung aufgewendeten Energie. In diesem Fall bedeutet das, dass ein kleiner energetischer Unterschied im Aufwand des Betrachters für die Wahrnehmung bestehen kann. Die unterschiedlichen Mosaike beherbergen in diesem Fall ein unterschiedliches Potential, Wahrnehmungsaufwand zu erzeugen. Verallgemeinert heisst dies, dass selbst eine einfache Verteilung (Ordnung) ein energetisches Potential hat, da sie eine biologische Wirkung auslösen kann.

Welche Wirkung haben dynamische Verteilungen?

Insbesondere dynamische Ordnungen, die sich während dem dauernd wiederholten Verteilprozess verändern, erzeugen messbare Wirkungen. Ein Beispiel dafür ist die lokal fortschreitende Häufung von Masse im Weltraum. Sie führt zu einer fortschreitenden Zunahme der Gravitation in ihrer Umgebung. Ein anderes Beispiel ist die lokale Zunahme der Konzentration von Salz in Wasser. Eine fortschreitende Konzentrationszunahme dieser Stoffe kann die Geschwindigkeit von chemischen Reaktionen in dieser Lösung verändern.

Warum nehmen wir überhaupt Häufungen als etwas spezielles wahr?

Es stellt sich die Frage, warum unsere Wahrnehmung auf Häufungen reagiert. Eine plausible Erklärung ist folgende: Eine Anhäufung von reifen Beeren kann mit vergleichsweise weniger Energieaufwand genutzt werden, als wenn gleichviele Beeren weit in der Landschaft verstreut wären und wir uns eine grosse Strecke zu jeder Beere hinbewegen müssten. Die Ressource kann mit weniger Energieaufwand genutzt werden, wenn die Objekte räumlich nahe beieinander liegen. Die Wahrnehmung von Häufungen, so lautet daher die These, ist infolge der natürlichen Selektion entstanden, weil sie das Auffinden von effizient nutzbarer Nahrung erleichtert und daher vorteilhaft ist.

Wie weiter oben dargelegt, sind dynamische Verteilprozesse mit Präferenz ein Indikator für leistungsfähigen Transport und manchmal auch für hohen Wirkungsgrad. Ein Beispiel für einen derartigen Verteilprozess ist ein reissender Fluss. Er kann bei der Überquerung für einen Organismus gefährlich sein. Die Wahrnehmung von Leistung und dem damit zusammenhängenden Wirkungsgrad ist lebenswichtig. Beide sind biologisch gesehen nützliche Inhalte unserer Wahrnehmung und entstanden durch den Prozess der natürlichen Selektion.

Anhang 8 - Verteilprozesse mit der Fähigkeit abzugrenzen

Voraussetzung dafür, dass ein Verteilprozess eine Präferenz haben kann, das heisst selektiv wirken kann, ist, dass er Objekte oder Plätze oder ihre Menge oder Anzahl voneinander abgrenzen oder sogar einzeln identifizieren kann. Formale Aspekte betreffend das Thema Abgrenzung hat Spencer-Brown behandelt (Wikipedia, Gesetze der Form, 2018). Die Tabelle 1 in Anhang 2 gibt eine Übersicht über verschiedene Fälle von Abgrenzung von Objekten und Plätzen durch den Verteilprozess.

Zum Verteilungsmodell gehört streng genommen ein bisher kaum erwähnter Beobachter. Der Beobachter kann, im Gegensatz zum Verteilprozess, alle verschiedenen Arten von Objekten und Plätzen gemäss Tabelle 1 unterscheiden.

Die Übersicht stellt dar, dass es letztlich vom Verteilprozess abhängt, ob eine Gleichverteilung oder eine Ungleichverteilung entsteht. Hat der Verteilprozess keine Präferenz, entsteht Gleichverteilung (=Zufallsverteilung), wählt er Objekte oder Plätze oder beides aus, zeigt er Präferenz und es entsteht Ungleichverteilung (=Häufung). Die Präferenz (Bevorzugung) kann dabei beides betreffen, die Quantität (Menge, Anzahl) oder die Qualität (Merkmal).

Untenstehend werden speziell Verteilprozesse beleuchtet,

die Objekte voneinander abgrenzen, jedoch nicht individuell identifizieren können. Dasselbe gilt für die Plätze. Sie können einzelne Objekte «wahrnehmen», behandeln sie aber als gleichartig und können sie nicht voneinander unterscheiden. Jedes Objekt wird vom Verteilprozess gleichbehandelt.

Verteilprozesse, die eine Anzahl unterscheiden

Der Fall 3C gemäss der Tabelle 1 in Anhang 2 ist von besonderem Interesse und wird darum etwas näher erläutert. Er ermöglicht, die Abgrenzung sowie mathematische Grundoperationen als in der Natur vorkommende Verteilprozesse zu deuten. Wir befinden uns also im Fall 3C, wo der Verteilprozess Objekte voneinander abgrenzen kann, sie aber gleichbehandelt, da er sie nicht aufgrund von Merkmalen identifizieren kann. Dasselbe gilt für die Plätze. Es handelt sich daher eigentlich um Zuordnungen, das heisst eine spezielle Kategorie von Verteilprozessen. Es sind Verteilprozesse, in denen Anzahlen gleichverteilt oder bevorzugt werden können. Im Folgenden werden innerhalb dieses Falls 3C drei grundsätzlich verschiedene Verteilprozesse dargestellt und die Regeln, nach denen sie ablaufen.

Objekte   Verteilprozess   Plätze

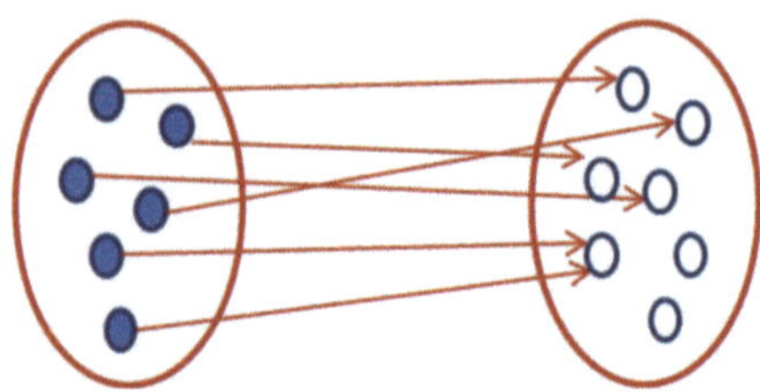

Abbildung 16: Allen Elementen der Ausgangsmenge wird genau ein Element (Platz) in der Zielmenge zugeordnet. Es handelt sich um eine Abbildung im mathematischen Sinne.

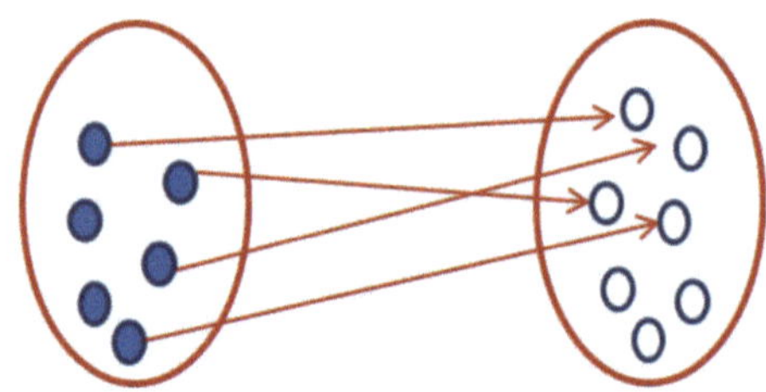

Abbildung 17: Nicht jedem Element der Ausgangsmenge wird ein Element (Platz) in der Zielmenge zugeteilt. Es handelt sich um eine Trennung der Objekte in zugeordnete und nicht zugeordnete, d.h. um eine Ausscheidung von Objekten (mit anderen Worten um eine Minderung oder Reduktion der Anzahl Elemente der Ausgangsmenge und nicht um eine Abbildung). Die Trennung oder Selektion betrifft hier ausschliesslich eine Anzahl.

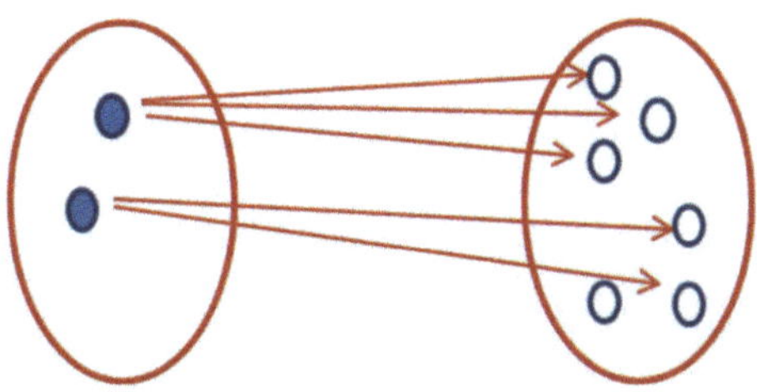

Abbildung 18: Jedem Element der Ausgangsmenge wird mehr als ein Element (Platz) in der Zielmenge zugeteilt. Es handelt sich um eine Vermehrung der Elemente der Ausgangsmenge (mit anderen Worten um eine Mehrung oder einen Kopiervorgang und nicht um eine Abbildung).

Die obenstehenden drei Darstellungen dienen zur Erklärung von Verteilprozessen, welche die Quantität (Anzahl) betreffen.

Diese drei speziellen Verteilprozesse können höchstens Präferenzen hinsichtlich der Anzahl zeigen. Ein Beispiel für den ersten Fall (Abbildung 16) ist das Glücksspiel Roulette: die geworfene Kugel (das einzige Element der Ausgangsmenge) erhält sicher einen Platz in der Zielmenge, entweder eines der 36 abwechselnd roten oder schwarzen Nummernfächer oder das grüne Fach für die Null. Welchen Platz die Kugel am Ende besetzt, das ist dem Zufall überlassen (sofern der Spieltisch nicht manipuliert ist). Der Verteilprozess kann die Plätze nicht identifizieren. Alle möglichen Resultate sind gleich wahrscheinlich. Ein anderes

Beispiel ist der Umsatz eines Marktes in einer Währungs-
einheit (Objekte), welcher vollständig auf die Marktteil-
nehmer (Plätze) aufgeteilt wird. Der «Markt» wirkt als
Verteilprozess hinsichtlich der Umsatzanteile.

Ein Beispiel für den zweiten Fall (Abbildung 17, Minderung,
Reduktion) ist das Fischen mit einem Netz. Nicht alle im
Gewässer vorhandenen Fische (=Objekte), welche grösser
als die Maschen im Netz sind, verfangen sich an einem
Platz im Netz. Jeder Fisch hat höchstens einen Platz.
Nicht alle Plätze im Netz sind von einem gefangenen
Fisch besetzt. Sind Fische im Netz, ist eine Reduktion der
Anzahl Fische im Gewässer erfolgt. Wiederholungen
zeigen, wie wahrscheinlich die einzelnen möglichen Re-
sultate sind. Ein anderes Beispiel für den zweiten Fall ist:
Unter einer grossen Zahl von Bewerbern werden einige
wenige Tickets für ein Event verlost. Alle möglichen Ergebnisse sind gleich wahrscheinlich. Der Verteilprozess
reduziert die Anzahl, er ist nur diesbezüglich selektiv.

Ein Beispiel für den dritten Fall (Abbildung 18, Mehrung)
ist die biologische Vermehrung: Jede biologische Repro-
duktionseinheit vermehrt sich (kopiert sich mehrfach,
vervielfältigt sich), so dass möglichst viele der vorhandenen
Nischen (Plätze) besetzt werden. Ein weiteres Beispiel ist
die Herstellung von Kopien aufgrund von Originaltexten.

Verteilprozesse, welche einer der drei eingangs beschrie-
benen Zurodnungsregeln entsprechen, können als Vorläufer
der Operationen «vergleichen» (Abbildung 16), «subtra-

hieren» (Abbildung 17) und «addieren» (Abbildung 18)
verstanden werden.

Anhang 9 - Formale Darstellung der Ergebnisse

1-malige Verteilung (statische Ordnung)

Objekte o durch Verteilprozess * verteilt auf Plätze p ergibt eine Verteilung D (= Ordnung):

$$o * p => D$$

Beispiele: Mosaik, Abfolge von 0 und 1 auf acht Plätzen (Byte), Abfolge von Morsezeichen, Abfolge von Buchstaben in einem Wort, Abfolge von Genen auf einem Chromosom, Besetzung der Plätze durch Elektronen in einem Atom, Abfolge von Planeten in einem Sonnensystem, Abfolge von Tönen in einer Melodie, ein einzelner Mikrozustand in der statistischen Mechanik, Verteilung von Flusskies in einer Ebene, ein Foto (Farbpixel auf einer Fläche):

x-fach wiederholte Verteilung (dynamische Ordnung)

Wird der Prozess mit den gegebenen o, * und p oft, das heisst x-mal wiederholt, entsteht die Menge der möglichen Verteilungen (Ergebnisse) Ω_V. Man könnte die Menge auch «Verteilungspotential» nennen:

$$(o * p) \bullet x => \Omega_D$$

$\Omega_D = \{D \,|\, D$ ist eine mögliche Verteilung$\}$

Die Menge Ω_D enthält eine bestimmte Anzahl (y) von Verteilungen (D):

$$|\Omega_D| = y$$

Beispiele: Die Menge Ω_D der möglichen Mosaike bestehend aus fünf verschiedenen Kieselarten (5 versch. Objekttypen je in grosser Zahl) und 1000 Plätzen enthält $y = 5^{1000}$ Verteilungen D. Oder die Menge der möglichen Oktette (8 besetzte Plätze) mit zwei unterschiedlichen Zeichen (2 verschiedene Objekttypen 0 und 1 je in grosser Zahl). Die Menge Ω_D enthält $2^8 = 256$ Verteilungen D, das heisst mögliche Oktette. Oder deutsche Wörter mit drei Buchstaben (3 Plätze) aus 26 Zeichen (26 Objekttypen je in grosser Zahl). Die Menge der möglichen Genotypen einer biologischen Art, abhängig von der Anzahl Chromosomen und der Anzahl Genen auf den einzelnen Chromosomen (Plätze) sowie von der Anzahl Ausprägungen jedes Gens (Objekte). Oder die Menge von Tonfolgen, die eine harmonische Melodie ergeben, wenn 10 Plätze (Plätze) und acht verschiedene Töne (Objekte) zur Verfügung stehen. Oder die Menge der möglichen Mikrozustände eines gegebenen thermodynamischen Systems (statistischen Mechanik). Oder die Menge der möglichen Ergebnisse in der Wahrscheinlichkeitstheorie, wenn zum Beispiel fünf (Plätze) Kugeln aus einem Gemisch von gleich vielen roten und weissen Kugeln (Objekte) gezogen wird, wenn die Reihenfolge keine Rolle spielt und der Vorgang beliebig oft wiederholt wird (6 verschiedene Ergebnisse möglich, die Ereignismenge Ω enthält 6 verschiedene Elemente).

Häufung und Gleichverteilung

Haben wir es mit einer einzelnen Verteilung ohne Wiederholung, das heisst einem Einzelfall zu tun, zum Beispiel mit einem einzelnen Mosaik, ist der Entscheid, ob es sich um eine zufällig entstandene Verteilung oder eine durch Selektion entstandene Verteilung handelt, nicht immer eindeutig. Im Vergleich zu einem Zufallsmosaik mit denselben Steinen und Plätzen stellt jegliches kunstvolle Mosaik, das eindeutig ein Muster darstellt, mit grosser Wahrscheinlichkeit eine durch Selektion entstandene Verteilung dar. Zwar könnte das kunstvolle Mosaik auch zufällig entstanden sein, aber die Wahrscheinlichkeit dafür ist sehr klein. Man kann mit gewissen Annahmen ausrechnen, wie oft man die Steine zufällig verteilen muss, bis genau das kunstvolle Muster aus Zufall entsteht. Der Verteiler hat bei der Herstellung des kunstvollen Mosaiks eher mit Präferenzen gearbeitet. Es hat eine Selektion bei der Auswahl der Steine und der Plätze stattgefunden, so dass ein eindeutig erkennbares Muster entstanden ist. Ist kein Muster erkennbar, ist die Wahrscheinlichkeit gross, dass es sich um eine Zufallsverteilung handelt. Etwas missverständlich muss sie definitionsgemäss aufgrund ihrer Entstehung als «Gleichverteilung» bezeichnet werden, obschon es sich um ein wildes Durcheinander handelt. Der Begriff Zufallsverteilung ist in diesen Fällen angemessener.

Haben wir es mit Wiederholungen zu tun, wird die Sache einfacher. Nach vielfacher Wiederholung kann jedem möglichen Ergebnis der Ergebnismenge Ω_V die Häufigkeit h zugeordnet werden, mit der das Ergebnis eintritt. Aus der Ereignismenge Ω_D entsteht die graphisch darstellbare Häufigkeitsverteilung H_D.

Haben alle Ergebnisse von Ω_D die gleiche Häufigkeit h, handelt es sich bei der Häufigkeitsverteilung H_D um eine Zufallsverteilung oder Gleichverteilung. Bei allen anderen Häufigkeitsverteilungen, bei denen nicht jedes Ergebnis von Ω_D die gleiche Häufigkeit h hat, handelt es sich um Ungleichverteilungen (Häufungen), welche durch Selektion zustande kommen.

Veränderung der Verteilung während der Wiederholung (dynamische Ordnung mit quantitativer oder qualitativer Veränderung)

Bei andauernder Wiederholung von Verteilungen können sich die Anzahl und Art der Ergebnisse verändern. Beim Vergleich von Ergebnismengen Ω_D untereinander bezüglich ihrer Eigenschaften ist dann ein Unterschied feststellbar. Es kann eine Ergebnismenge, zum Beispiel Ω_{D1}, vom Rest abgegrenzt werden, nach der Schreibweise von George Spencer-Brown (Wikipedia, Gesetze der Form, 2018):

$$\overline{\Omega_{D1}\,}|$$

Nach erfolgter Abgrenzung kann beim Vergleich von Ω_{D1} mit dem Rest (Ω_{DRest}) der Unterschied, das $\Delta\Omega_{D1\text{-}DRest}$, genauer beschrieben werden. Auch bei einem Vergleich der Häufigkeiten H_D kann nach erfolgter Abgrenzung der Unterschied durch einen Vergleich genauer charakterisiert werden, das $\Delta H_{D1\text{-}DRest}$:

$$\Omega_{D1} \text{ verglichen mit } \Omega_{DRest} => \Delta\Omega_{D1\text{-}Rest} \text{ , falls } \Omega_{D1} \neq \Omega_{DRest}$$

$$H_{D1} \text{ verglichen mit } H_{DRest} => \Delta H_{D1\text{-}DRest} \text{ , falls } \Delta H_{D1} \neq H_{DRest}$$

Es können sich die Objekte, der Verteilmechanismus oder die Plätze verändern oder aber auch nur die Häufigkeit der einzelnen Ergebnisse. Verändern können sich die Objekte beispielsweise durch eine spontane Mutation bei Individuen einer biologischen Art. Es tritt also eine zusätzliche Variante von Objekten auf, die verteilt wird. Bei Wiederholungen können sich die Häufigkeiten, mit der alle Typen auftreten, im Vergleich zur Situation vor der Mutation, ändern. Bei einem anderen Fall, als zum Beispiel die Zebramuschel durch den Transport von Schiffen auf dem Landweg in den Zürichsee verschleppt wurde (Burla & Ribi, 1998), wo sie vorher nicht vorhanden war, entstand eine Änderung der geographischen Verteilung der Muschel. Es stand ihr plötzlich ein zusätzlicher Lebensraum zur Verfügung, das heisst die Anzahl besetzbarer Plätze nahm für die Muschelart zu.

Veränderungsrichtungen

Sind mehrere $\Delta\Omega_D$ feststellbar ($\Delta\Omega_{Da}$, $\Delta\Omega_{Db}$, $\Delta\Omega_{Dc}$, $\Delta\Omega_{Dd}$, ... $\Delta\Omega_{Dx}$), kann unter Umständen die Abfolge dieser Unterschiede als ein Muster, eine Veränderungsrichtung, interpretiert werden. Die Trendforschung beschäftigt sich mit dem Aufspüren von Veränderungsrichtungen, wie Megatrend, Markttrend, Modetrend, Musiktrend, Filmtrend oder sozialer Trend. Beispiel einer Veränderungsrichtung, welche die Quantität betrifft, ist das Wachstum. Beispiel für eine Veränderungsrichtung, welche die Qualität betrifft, ist die Evolution.

Evolution als eine bestimmte Veränderungsrichtung bei dynamischen Verteilprozessen

Evolution wird im vorliegenden Bericht als ein bestimmter Richtungstrend aufgefasst, welcher bei dynamischen Verteilungen auftritt, die sich verändern. Reduziert man den Betrachtungsgegenstand auf die biologische Evolution, so kann man die Entwicklungsrichtung grob mit «vom einfachen Einzeller zum komplexen Säugetier» umschreiben. Diese Richtung ist durch den bekannten Mechanismus der biologischen Artbildung nicht ausdrücklich vorgegeben. Wir können den Richtungstrend der biologischen Evolution als Langzeitfolge von sich verändernder Selektion auffassen. So gesehen ist die biologische Evolution ein «Trend zur Zunahme wirkungsvoller Reaktionen von Individuen auf Umweltveränderungen».

Mit dieser Sichtweise ist die Fortpflanzung, das heisst der biologische Kopierprozess, eine Reaktion auf regelmässige zerstörerische Kollisionen von Individuen mit der Umwelt. Diese Vervielfältigung (vgl. Abb. 18) erhöht die

Wahrscheinlichkeit, dass die Struktur überdauert, und zwar nicht als Individuum, sondern als eine Gruppe von Kopien (Art). Die Sexuelle Fortpflanzung ist in dieser Leseart eine weitere Reaktion auf ändernde Umweltwirkungen. Sexuelle Fortpflanzung produziert mehr Variabilität innerhalb einer Art im Vergleich zum simple Kopiervorgang der asexuellen Fortpflanzung. Sie erhöht damit die Wahrscheinlichkeit, dass eine oder mehrere reaktionsfähige Varianten vorhanden sind, wenn es nötig ist, das heisst, wenn die Selektionskräfte sich ändern infolge von Änderungen in der Umwelt. Die Varianten sind der Rohstoff der Selektion. Sich ändernde Selektion lässt auf die Dauer Individuen übrig, die wirkungsvoll reagieren. Diese werden durch den Kopiervorgang der Fortpflanzung vermehrt. Der Ausdruck «biologische Evolution» bezeichnet in dieser Leseart den Trend, dass unter ändernden Selektionsbedingungen auf die Dauer Gruppen von Individuen entstehen, die auf viele Selektionskräfte wirkungsvoll reagieren. Als Beispiel von wirkungsvoll reagierenden Individuen seien hier kooperierende Individuen erwähnt.

Ursache der Veränderung von Objekten

Wie mehrfach erwähnt, können ohne Variation zwischen den Objekten keine evolutionären Veränderungen geschehen. Wie aber entsteht Variation? Variation entsteht durch eine Kombination von bestehenden Elementen, die Bestand hat. Beispiele dafür sind die Kombination von Protonen, Neutronen und Elektronen zu Atomen, die Kombination von verschiedenen Zellen ohne Zellkern (Prokaryoten) zu Zellen mit Zellkern (Eukaryoten), von Windmühle und Kurbelwelle zu einem Sägewerk, von Hängegleiter und Motor zum Motorflugzeug, von chemischem Treibstoff und Geschoss zur Rakete, von Maschine und Software zum Roboter, von Organismen und Substanzen (z.B. Heilmittel, leistungssteigernde Mittel oder bewusstseinsverändernde Mittel) zu Organismen-Substanzen-Systemen, von Organismen und Robotern zu Organismen-Roboter-Systemen, von Organismen, Substanzen und Robotern zu Organismen-Substanzen-Roboter-Systemen.

Eine wesentliche Frage entsteht aus dieser Feststellung: Welche Kombinationen von Elementen entwickeln eine gewisse Dauerhaftigkeit, sind also stabil und zerfallen nicht schnell wieder. Gibt es da ein Muster?

11 Glossar

Erklärung verwendeter Begriffe

Abgrenzen

Aktuelle Bedeutung:

Das dazugehörige Substantiv Abgrenzung ist eine Distinktion, d. h. der Vorgang oder das Ergebnis der Unterscheidung von anderen, vergleichbaren Gegenständen. In der mathematischen Theorie von Spencer-Brown (Wikipedia, Gesetze der Form, 2018) bedeutet abgrenzen «Triff eine Unterscheidung» (draw a distinction).

Zusätzliche Bedeutung im vorliegenden Bericht:

Abgrenzen ist eine Eigenschaft (Fähigkeit) von in der Natur vorkommenden Verteilprozessen. Ohne diese Eigenschaft existieren für den Verteilprozess weder Menge noch Anzahl noch Merkmal. Ein Verteilprozess ohne die Fähigkeit abzugrenzen kann keine Präferenz(en) haben (vgl. Tabelle 1 in Anhang 2).

Beobachter

Aktuelle Bedeutung:

Beobachter steht für Beobachtung, im wissenschaftlichen Sinne die beobachtende Instanz oder der Standpunkt.

Zusätzliche Bedeutung aufgrund des vorliegenden Berichts:

Der Beobachter wird als ein Organismus verstanden. Seine Grundkategorie sind Reize, die er als Wirkungen interpretiert, welche Ursachen haben. Seine Bezugsrahmen bilden Wirkungen, nichts anderes. Er lebt buchstäblich in der Wirklichkeit. Die Reize werden in seinem Inneren zu Wahrnehmungen und Reaktionen verarbeitet. Der Beobachter nimmt wahr und reagiert. Dem Beobachter ist seine biologische Entstehungsgeschichte bewusst. Er weiss, dass sie seine Wahrnehmungen und Reaktionen so beeinflusst, dass seine Existenz möglichst nicht gefährdet, sondern sicher ist und wenn möglich energetisch günstig. Der Beobachter ist daher unter natürlichen Bedingungen nicht neutral und nicht passiv.

Die Beobachtung des gleichen Gegenstandes mit gleichen Methoden durch verschiedene Beobachter kommt einer Wiederholung der Wahrnehmung gleich. Sie kann zu Konsens bezüglich des Wahrnehmungsergebnisses führen. Dieses ist aber infolge der ähnlichen biologischen Programmierung aller Beobachter immer noch nicht notwendigerweise richtig.

Bei wahrnehmungs- und lernfähigen Maschinen werden Aspekte der Wahrnehmung des Beobachters nachgebildet und verbessert. Ein Modell des Beobachters entsteht.

Wie steht der Beobachter zum Verteilungsmodell? Der

Beobachter versteht sich selbst mit seiner Wahrnehmungs- und Reaktionsfähigkeit als eine Überlagerung vieler Verteilprozesse. Seine Wahrnehmung nutzt mindestens das Abbilden, Kopieren und Reduzieren. Sie hebt, je nach Beobachtungsgegenstand, gewisse zueinander in Beziehung stehende Objekte als Plätze hervor. Er nutzt diese Plätze, um die darauf verteilten Objekte als Ordnung zu interpretieren.

Bestimmtheit

Aktuelle Bedeutung (Duden, Bestimmtheit, 2018):

1.Entschiedenheit; Festigkeit

2.Gewissheit, Sicherheit

Zusätzliche Bedeutung aufgrund des vorliegenden Berichts:

Die Bestimmtheit betrifft einen Ordnungs- oder Verteilungsvorgang, bestehend aus Objekten, Verteilprozess, Plätzen und Verteilung. Bestimmtheit ist ein Mass für die Gewissheit, die man über den Ausgang eines Verteilprozesses hat. So steht sie in Zusammenhang mit der Anzahl möglicher Verteilungsresultate sowie deren relativen Häufigkeit. Gibt es nur ein einziges mögliches Resultat, das bei Wiederholung immer auftritt, ist der Ausgang des Verteilprozesses bestimmt. Das eine Resultat tritt mit Sicherheit ein, es ist vorhersagbar. Gibt es hingegen unendlich viele mögliche Resultate und alle sind gleich häufig, ist ein bestimmtes Resultat nicht vorhersagbar, der Ausgang des Verteilprozesses ist unbestimmt.

Entropie (statistischer Aspekt)

Aktuelle Bedeutung:

In der statistischen Mechanik stellt die Entropie ein Maß für die Zahl der zugänglichen, energetisch gleichwertigen Mikrozustände dar (Wikipedia, Entropie, 2018).

Zusätzliche Bedeutung aufgrund des vorliegenden Berichts:

Mit Hilfe des Verteilungsmodell kann die Entropie der statistischen Mechanik als ein Mass für die Bestimmtheit eines wiederholten zufälligen Verteilprozesses von Teilchen und deren Energiezustände verstanden werden.

Evolution

Aktuelle Bedeutung (Duden, Evolution, 2018):

1.(bildungssprachlich) langsame, bruchlos fortschreitende Entwicklung besonders großer oder großräumiger Zusammenhänge; allmähliche Fortentwicklung im Geschichtsablauf

2.(Biologie) stammesgeschichtliche Entwicklung von niederen zu höheren Formen des Lebendigen

Zusätzliche Bedeutung aufgrund des vorliegenden Berichts:

Name für die Veränderungsrichtung (Trend) vom Einfachen zum Komplexen bei dynamischen Verteilprozessen.

Die biologische Evolution kann in diesem Zusammenhang als Produkt sich ändernder natürlicher Selektion gesehen werden. Sich ändernde Selektionsbedingungen bewirken längerfristig einen Trend zur Entwicklung von Individuen, die auf mehr verschiedene Selektionskräfte wirkungsvoll reagieren (vgl. Anhang 9).

Gleichverteilung

Aktuelle Bedeutung (Wikipedia, Gleichverteilung, 2017):

Der Begriff Gleichverteilung stammt aus der Wahrscheinlichkeitstheorie und beschreibt eine Wahrscheinlichkeitsverteilung mit bestimmten Eigenschaften. Im diskreten Fall tritt jedes mögliche Ergebnis mit der gleichen Wahrscheinlichkeit ein, im stetigen Fall ist die Dichte konstant. Der Grundgedanke einer Gleichverteilung ist, dass es keine Präferenz gibt.

Beispielsweise sind die Ergebnisse beim Würfeln nach einem Wurf die sechs möglichen Augenzahlen: {1,2,3,4,5,6}. Bei einem idealen Würfel beträgt die Eintrittswahrscheinlichkeit jedes dieser Werte 1/6, da sie für jeden der sechs möglichen Werte gleich groß ist und die Summe der Einzelwahrscheinlichkeiten 1 ergeben muss.

Häufung

Aktuelle Bedeutung (Duden, Häufung, 2018):

1.Lagerung in großen Mengen

2.Ansammlung, häufiges Vorkommen (von Erscheinungen, Ereignissen)

Zusätzliche Bedeutung aufgrund des vorliegenden Berichts:

Eine Häufung ist eine Abweichung von der Gleichverteilung (bei der Verteilung von Objekten auf Plätze). Sie kann auch als Ungleichverteilung bezeichnet werden (vgl. Stichwort Ungleichverteilung).

Kollision

Bedeutung im vorliegenden Bericht:

Als Kollisionen wird das Aufeinandertreffen von Objekten bezeichnet, welche die Veränderung wesentlicher Eigenschaften des betrachteten Objektes zur Folge hat. Beispiel einer Eigenschaft, die durch eine Kollision verändert werden kann, ist die Bewegungsrichtung eines Teilchens.

Im deutschen Sprachgebrauch wird für Kollision auch der physikalische Begriff „Stoss" verwendet. Da Teilchen auch als Wellen wirken und so aufgefasst und beschrieben werden können, gilt das gesagte auch für Wellen. Auch Wellen können aufeinanderstossen und kollidieren.

Der Begriff Kollisionen wird im vorliegenden Text über die rein physikalische Definition hinaus verwendet. Kollisionen können im vorliegenden Text allgemein als Ereignisse aufgefasst werden, welche ein Objekt von seiner Bewegungsbahn oder Entwicklungsbahn ablenken, die Bewegung oder Entwicklung blockieren oder das Objekt zerstören. Beispiel: Eine Person kann mit dem Gesetz kollidieren.

Kombination

Bedeutung im vorliegenden Bericht:

Kombination gilt als Ursache von Variation. Erkennbare Tatsache ist, dass alle bekannten Strukturen im Universum eine Kombination von Elementarteilchen darstellen. Welche Kräfte zu neuen Kombinationen führen, ist von Fall zu Fall verschieden - welche Kräfte die neuen Kombinationen stabil machen, ebenfalls.

Komplexität

Bedeutung im vorliegenden Bericht:

Komplexität ist eine Eigenschaft der Beziehungen zwischen Objekten. Eine Ordnung ist in diesem Sinne komplex, wenn die Anzahl verschiedenartiger Beziehungen zwischen den Elementen hoch ist und die einzelnen Beziehungen nicht einfach sind. Je mehr Beziehungen sich überlagern, desto komplexer ist die Ordnung. Eine wenig komplexe Beziehung ist die einfache räumliche Beziehung von Objekten, im vorliegenden Bericht auch Plätze genannt.

Konzentration

Aktuelle Bedeutung in der Statistik (Wikibooks, 2015):

Die Konzentration befasst sich mit der Intensität, mit der sich ein Objekt auf eine vorgegebene Menge verteilt. Eine typische Aussage der Konzentrationsmessung wäre etwa: x% der Detailhandelsfirmen haben y% Marktanteil.

Hinweis:

Konzentration hat in der Wirtschaft den Aspekt einer Ungleichverteilung von Objekten auf Plätze oder von Merkmalen auf Merkmalsträger. Der Begriff ist aber ambivalent, da er in der Chemie nicht ausdrücklich eine Ungleichverteilung bezeichnet: Eine Substanz hat in einem Lösungsmittel eine Konzentration von x%. Dabei geht man davon aus, dass die Substanz sich im Lösungsmittel gleichmässig verteilt und keine nichtzufällige Häufung bildet. Der Begriff hat aber den Vorteil, dass er eine Eigenschaft einer Verteilung beschreibt, ohne eine Aussage zu deren Entstehung zu machen.

Makrozustand

Aktuelle Bedeutung (Wikipedia, Makrozustand, 2018):

Im Gegensatz zum Mikrozustand beschreibt der Makrozustand ein System durch einige wenige Zustandsvariablen, wie Energie, Temperatur, Volumen, Druck oder Magnetisierung. Zu einem bestimmten Makrozustand sind sehr viele Mikrozustände möglich. In einem thermodynamischen System sind die Aufenthaltsorte der Teilchen zufällig verteilt. Zufällig verteilt sind auch die Bewegungsrichtungen.

Mikrozustand

Aktuelle Bedeutung (Wikipedia, Mikrozustand, 2018):

In der statistischen Physik bezeichnet der Mikrozustand die vollständige mikroskopische Beschreibung eines thermodynamischen Systems. Für ein klassisches ideales Gas sind damit Ort und Impuls (Masse mal Geschwindigkeit) jedes Teilchens festgelegt.

Modell

Aktuelle Bedeutung (Wikipedia, Modell, 2018):

Ein Modell ist ein vereinfachtes Abbild der Wirklichkeit. Die Vereinfachung kann gegenständlich oder theoretisch geschehen.

Natürliche Selektion

Bedeutung im vorliegenden Bericht:

Die natürliche Selektion beschreibt das bei der biologischen Artbildung aus der Überproduktion von Nachkommen folgende Wirkgefüge (Kampf ums Dasein nach Darwin & Wallace, 1858), inklusive seiner Auswirkungen auf den Fortpflanzungserfolg der Varianten, welche mit den Gegebenheiten häufiger oder weniger häufig kollidieren als andere. Der Begriff natürliche Selektion ist ein zentraler wissenschaftlicher Begriff der Biologie und nicht identisch mit der Selektion als Konzept, welche im Hauptteil des vorliegenden Berichts beschrieben ist.

Normalverteilung

Aktuelle Bedeutung (Wikipedia, Normalverteilung, 2018):

Die Normal- oder Gauß-Verteilung (nach Carl Friedrich Gauß) ist ein wichtiger Typ stetiger Wahrscheinlichk eitsverteilungen. Ihre Wahrscheinlichkeitsdichte wird Gaußsche Normalverteilung oder schlicht Glockenkurve genannt.

Die besondere Bedeutung der Normalverteilung beruht auf der Erfahrung, dass Verteilungen, die durch Überlagerung einer großen Zahl von unabhängigen Einflüssen entstehen, unter schwachen Voraussetzungen annähernd normalverteilt sind.

Die Abweichungen der Messwerte vieler natur-, wirtschafts- und ingenieurswissenschaftlicher Vorgänge vom Mittelwert l assen s ich d urch d ie N ormalverteilung (bei biologischen Prozessen oft logarithmische Normalverteilung) entweder exakt oder wenigstens in sehr guter Näherung beschreiben (vor allem Prozesse, die in mehreren Faktoren unabhängig voneinander in verschiedene Richtungen wirken).

Zusätzlich Bedeutung aufgrund des vorliegenden Berichts:

Die Normalverteilung ist keine reine Zufallsverteilung. Sie kommt aufgrund einer Mischung aus zufallsbedingter und selektionsbedingter Verteilung zustande.

Objekt

Aktuelle Bedeutung (Wikipedia, Gegenstand, abgeändert, 2018):

Alles das, was mir als erkennendem Ich in der Aussenwelt aber auch in meiner Innenwelt gegenübersteht.

Im vorliegenden Bericht verwendete Bedeutung:

Alles das, was mir als wahrnehmendem Ich in der Aussenwelt und in meiner Innenwelt gegenübersteht. Ein Objekt kann, anstelle einer Kategorie der Erkenntnis, als eine Kategorie der Wahrnehmung definiert werden.

Objekte sind gemäss dieser Bedeutung wahrnehmungsbedingt. Wahrnehmung entsteht aufgrund von physikalischen, chemischen und biologischen Wechselwirkungen. Es ist daher zweckmässig davon auszugehen, dass Objekte einen energetischen Aspekt im Sinne der Physik haben.

Ordnung

Aktuelle Bedeutung:

Eine breit akzeptierte physikalische Definition gibt es bisher nicht. Am nächsten kommt ihr der Begriff der Entropie mit negativem Vorzeichen (Negentropie). Negentropie kann interpretiert werden als Mass für die Abweichung einer Zufallsvariable von der Gleichverteilung (Wikipedia, Negentropie, 2018).

Zusätzliche Bedeutung aufgrund des vorliegenden Berichts:

Ordnung wird als Ergebnis eines Verteilprozesses von Objekten auf Plätze interpretiert. Jedes einzelne Verteilresultat von Objekten auf Plätze ist damit eine Ordnung. Sie umfasst die zufallsbedingte Gleichverteilung, wie auch die erwähnte Abweichung von dieser, die selektionsbedingte Ungleichverteilung. Dies kommt der umgangssprachlichen Nutzung des Begriffs einer sichtbaren Ordnung nahe. Dynamische Ordnung entsteht durch wiederholte Verteilprozesse.

Ordnungsprozess

Im vorliegenden Bericht verwendete Bedeutung:

Als Ordnungsprozess werden Veränderungen vom Ungeordneten zum Geordneten bezeichnet. Anschauliches Beispiel eines Ordnungsprozesses ist die Entstehung von Bénard-Zellen.

Der Ordnungsprozess wird als ein wiederholter Verteilungsvorgang gemäss dem Verteilungsmodell verstanden. Er umfasst Objekte, Verteilprozess, Plätze und Verteilung. Er bezeichnet eine dynamische Ordnung, bei der auch Veränderungen an Objekten, Verteilprozess und Plätzen entstehen können.

Plätze

Im vorliegenden Bericht verwendete Bedeutung:

Als Plätze werden zueinander in Beziehung stehende Elemente (Objekte) bezeichnet. Sie können als System verstanden werden. Ein Platz kann ein physischer Ort sein, aber auch beispielsweise ein Energiezustand eines Teilchens oder ein Platz in einer Hierarchie.

Prozess

Im vorliegenden Bericht verwendete Bedeutung:

Als Prozess wird die Veränderung von einem betrachteten Zustand zu einem andern verstanden.

Qualität

Im vorliegenden Bericht verwendete Bedeutung (Wikipedia, Qualität, 2018):

Als Qualität wird die Summe aller Eigenschaften eines Objektes, Systems oder Prozesses verstanden.

Quantität

Aktuelle Bedeutung (Wikipedia, Quantität, 2018):

Quantität bezeichnet die Menge oder die Anzahl von Stoffen oder Objekten oder die Häufigkeit von Ereignissen. Quantität findet Ausdruck in numerischen Werten oder der Angabe von Ausmaßen.

Reduktion

Aktuelle Bedeutung (Duden, Reduktion, 2018):

1.(bildungssprachlich) das Reduzieren; das Zurückführen auf ein geringeres Maß

2.(besonders Philosophie) Rückschluss vom Komplizierten auf etwas Einfaches; Vereinfachung

3.a.(Sprachwissenschaft) Vereinfachung eines Satzes durch Verminderung der Wörter ohne Änderung der eigentlichen Satzstruktur

   b.(Sprachwissenschaft) Abschwächung oder Schwund der Klangfarbe eines Vokals

4.a.(Chemie) chemischer Prozess, bei dem einem Oxid Sauerstoff entzogen wird

   b.(Physik, Chemie) Vorgang, bei dem ein chemisches Element oder eine chemische Verbindung Elektronen aufnimmt, die von einer anderen Substanz abgegeben werden

5.(Biologie) Verminderung der Zahl der Chromosomen bei der Reduktionsteilung

6.(Physik, Meteorologie) Umrechnung von Messwerten auf Werte unter Normalbedingungen

7.a.(katholische Kirche) Laisierung

 b.(katholische Kirche) (im 17./18. Jahrhundert, z. B. bei den Jesuiten in Paraguay) christliche Indianersiedlung unter der Leitung von Missionaren

Zusätzliche Bedeutung aufgrund des vorliegenden Berichts:

Zuordnung, bei der nicht jedem Element der Ausgangsmenge ein Element der Zielmenge zugeordnet ist. Es handelt sich daher nicht um eine mathematische Abbildung (vgl. Anhang 8). Man kann anstelle von Reduktion auch den Begriff «Minderung» verwenden. Reduktionen oder Minderungen können zufällig oder selektiv geschehen.

Selektion

Im vorliegenden Bericht verwendete Bedeutung:

Unter Selektion wird hier der Prozess verstanden, den man früher ausschliesslich mit „Auslese" bezeichnet hat. Er bezeichnet den Vorgang aus der Sicht dessen, welcher die Auslese oder den Filter passiert. Diskrimination oder Elimination bezeichnen den gleichen Prozess, jedoch aus dem Blickwinkel dessen, welcher nicht ausgelesen wird, das heisst den Filter nicht passiert. Die beiden sind komplementäre Kategorien, welche dadurch entstehen, dass dasselbe Phänomen von verschiedenen Standpunkten aus bewertet und benannt wird.

Von einem etwas neutraleren Standpunkt aus gesehen ist es ein Prozess der «Trennung», «Filterung», oder «Filtrierung» der Teilchen oder Eigenschaften voneinander trennt.

Zusätzliche Bedeutung aufgrund des vorliegenden Berichts:

Selektion bezeichnet einen Verteilprozess, der eine Präferenz hat bezüglich der Objekte und/oder Plätze. Es resultiert keine Gleichverteilung, sondern eine Ungleichverteilung, auch Häufung genannt.

Selbstorganisation

Aktuelle Bedeutung (Wikipedia, Selbstorganisation, 2018):

Als Selbstorganisation wird in der Systemtheorie hauptsächlich eine Form der Systementwicklung bezeichnet, bei der die formgebenden, gestaltenden und beschränkenden Einflüsse von den Elementen des sich organisierenden Systems selbst ausgehen. In Prozessen der Selbstorganisation werden höhere strukturelle Ordnungen erreicht, ohne dass erkennbare äußere steuernde Elemente vorliegen. Jedes Verhalten des Systems wirkt auf sich selbst zurück und wird zum Ausgangspunkt für weiteres Verhalten.

Struktur

Im vorliegenden Bericht verwendete Bedeutung:

Systeme, die eine bestimmte räumliche, zeitliche, funktionale Ordnung bzw. ein kohärentes Verhalten aufweisen können als Strukturen bezeichnet werden (Unsöld, 1981). In diesem Sinne wird auch die «Wand» in der 2d-Simulation als Struktur bezeichnet.

Zusätzliche Bedeutung aufgrund des vorliegenden Berichts:

Struktur ist das Resultat eines Verteilprozesses, eine Anordnung von Objekten auf Plätze. Es sind Objekte, die zueinander in relativ konstanten Beziehungen stehen.

System

Im vorliegenden Bericht verwendete Bedeutung (Wikipedia, System, 2018):

Ein System ist eine Menge von Elementen, zwischen denen Beziehungen bestehen.

Trend

Im vorliegenden Bericht verwendete Bedeutung:

Ein Trend ist eine über einen gewissen Zeitraum bereits zu beobachtende, statistisch erfassbare Entwicklung (-stendenz). Trends gibt es überall dort, wo ein Bezugswert sich verändern kann und aus dieser Veränderung eine Entwicklungsrichtung entsteht.

Ungleichverteilung

Aktuelle Bedeutung (Duden, Ungleichverteilung, 2018):

nicht gleichmässige Verteilung

Im vorliegenden Bericht verwendete Bedeutung:

Als Ungleichverteilung wird die Abweichung von der (mathematischen) Gleichverteilung bezeichnet (bei der Verteilung von Objekten auf Plätze). Sie entsteht, wenn der Verteilprozess Präferenzen hat. Eine Ungleichverteilung im vorliegenden Sinne ist eine statistisch gesicherte Häufung.

Vorhersagbarkeit

Im vorliegenden Bericht verwendete Bedeutung:

Die Vorhersagbarkeit bezieht sich auf den Grad, zu dem eine korrekte qualitative oder quantitative Vorhersage über die Verteilung nach erfolgtem Verteilprozess von Objekten auf Plätze geleistet werden kann. Bei dynamischen Verteilprozessen bezieht sie sich auf die Verteilung während der Wiederholung.

Verteilprozess

Im vorliegenden Bericht verwendete Bedeutung:

Der Verteilprozess bezeichnet ein Element des gesamten Verteilungsvorgangs, welcher Objekte, den erwähnten Verteilprozess, Plätze und Verteilung umfasst. Bei Wiederholung des Verteilprozesses können verschiedene Verteilungsresultate (Verteilungen, Ordnungen) entstehen und unterschieden werden. Verteilprozesse können selektiv und/oder zufällig wirken.

Verteilung

Im vorliegenden Bericht verwendete Bedeutung:

Die Verteilung ist das Ergebnis eines Verteilprozesses von Objekten auf Plätze. Sie wird auch Ordnung genannt.

Verteilungsvorgang

Im vorliegenden Bericht verwendete Bedeutung:

Der Verteilungsvorgang umfasst Objekte, Verteilprozesses, Plätze und die resultierende Verteilung. Er hat die gleiche Bedeutung wie der Ordnungsvorgang.

Wirklichkeit

Aktuelle Bedeutung (Duden, Wirklichkeit, 2018):

[alles] das, Bereich dessen, was als Gegebenheit, Erscheinung wahrnehmbar, erfahrbar ist

Im vorliegenden Bericht verwendete Bedeutung:

Die Wirklichkeit im hier verwendeten Sinn kann auch Raum der Wirkungen, Wirkraum, Wirkumgebung, oder Umgebung der Wirkungen genannt werden. Es sind dies Bezeichnungen für eine Umgebung, in der sich alles an Wirkungen orientiert. Die Wirklichkeit kann sich grundsätzlich überall dort befinden, wo Wirkungen geschehen, feststellbar sind oder vermutet werden. Eine Wirklichkeit im vorliegenden Sinne entsteht aber erst, wenn das Referenzsystem eines Betrachters ausschliesslich auf Wirkungen bezogen ist.

In der so verstandenen Wirklichkeit sind die klassischen Vorstellungen von Raum und Zeit Hilfsmittel, um sich zurechtzufinden (Reist, 2012). Sie lassen sich aus grundlegenderen Kategorien konstruieren.

Wirkungsgrad

Im vorliegenden Bericht verwendete Bedeutung:

Verhältnis von aufgewandter zu nutzbarer Energie.

Zufall

Aktuelle Bedeutung (Wikipedia, Zufall, 2018):

Von Zufall spricht man, wenn für ein einzelnes Ereignis oder das Zusammentreffen mehrerer Ereignisse keine kausale Erklärung gegeben werden kann. Als kausale Erklärungen für Ereignisse kommen je nach Kontext eher Absichten handelnder Personen oder auch naturwissenschaftliche deterministische Abläufe in Frage.

Zusätzliche Bedeutung aufgrund des vorliegenden Berichts:

Zufall bezeichnet einen Verteilprozess, der keine Präferenz hat bezüglich der Objekte und/oder Plätze. Es resultiert eine Gleichverteilung im Sinne des vorliegenden Berichts (darin sind zufällige Schwankungen eingeschlossen).

Zustand

Im vorliegenden Bericht verwendete Bedeutung:

Unter Zustand (Physik) werden alle Informationen zur Beschreibung der veränderlichen Eigenschaften (Zustandsgrößen) eines Systems verstanden.

12 Literaturverzeichnis

Burla, H., & Ribi, G. (April 1998). Density variation of the zebra mussel Dreissena polymorpha in Lake Zürich, from 1976 to 1988. Aquatic Sciences 60 (2), S. 145 - 156. Von https://doi.org/10.1007/PL00001315 abgerufen

Darwin, C. R. (1859). On the origin of species by means of natural selection (Deutsch: Die Entstehung der Arten durch natürliche Zuchtwahl). London: John Murray.

Darwin, C. R., & Wallace, A. R. (20. August 1858). On the tendency of species to form varieties; and on the perpetuation of varieties and species by natural means of selection. Journal of the Proceedings of the Linnean Society: Zoology, 3(9), S. 53-62. Von http://www.nhm.ac.uk/research-curation/scientific-resources/collections/library-collections/wallace-letters-online/4756/5116/S/details.html#S9 abgerufen

Duden, o. (4. Oktober 2018). Bestimmtheit. Von https://www.duden.de/node/680478/revisions/165 8965/view abgerufen am 4. Oktober 2018

Duden, o. (4. Oktober 2018). Evolution. Von https://www.duden.de/node/680478/revisions/165 8965/view abgerufen 4. Oktober 2018

Duden, o. (4. Oktober 2018). Häufung. Von https://www.duden.de/node/739824/revisions/1649436/view abgerufen 4. Oktober 2018

Duden, o. (4. Oktober 2018). Reduktion. Von https://www.duden.de/node/690403/revisions/1364360/view abgerufen 4. Oktober 2018

Duden, o. (4. Oktober 2018). Ungleichverteilung. Von https://www.duden.de/node/1064317/revisions/1673025/view abgerufen 4. Oktober 2018

Duden, o. (4. Oktober 2018). Wirklichkeit. Von https://www.duden.de/node/1064317/revisions/1673025/view abgerufen 4. Oktober 2018

Forster, E. M. (1909). The Machine Stops. England: Archibald Constable.

Kück, P. D. (2005). Messung der relativen Konzentration, Vorlesungsskript Statistik. Rostock: Universität Rostock.

Malthus, T. R. (1798). An essay on the principle of population. London: J. Johnson.

Meier, J. I., Marques, D. A., Mwaiko, S., Wagner, C. E., Excoffier, L., & Seehausen, O. (2017). Ancient hybridization fuels rapid cichlid fish adaptive radiations. Nature Communications 8.

Nordmeier, V. (27. Juli 2016). Didaktik der Physik - FU Berlin. Von http://didaktik.physik.fu-berlin.de/projekte/niliphex/material/12%20Rayleigh-Benard-Konvektion%20-%20Wabenmuster%20v14.pdf abgerufen

Reist, S. (2012). 14 Milliarden Jahre Ursache und Wirkung. NanoEdition, Raron, Schweiz.

Unsöld, A. (1981). Evolution kosmischer, biologischer und geistiger Strukturen. Stuttgart: Wissenschaftliche Verlagsgesellschaft.

Vedenev, M. (29. November 2016). Matlab 2d gas simulation, gui_version_4_2, erstellt im Auftrag von S. Reist. Einsehbar bei Simon Reist, Bahnhofstrasse 30, 3942 Raron, Schweiz.

Verne, J. (1865). De la Terre à la Lune. France: Pierre-Jules Hetzel.

Wikibooks. (24. März 2015). Statistik: Konzentration. Von https://de.wikibooks.org/wiki/Statistik:_Konzentration abgerufen

Wikipedia. (21. Juli 2017). Dissipation. Von https://de.wikipedia.org/w/index.php?title=Dissipation&oldid=167456458 abgerufen 6. Oktober 2018

Wikipedia. (29. Oktober 2017). Gleichverteilung. Von https://de.wikipedia.org/w/index.php?title=Gleichverteilung&oldid=170449975 abgerufen 6. Oktober 2018

Wikipedia. (2. Dezember 2017). Rayleigh-Bénard-Konvektion. Von https://de.wikipedia.org/wiki/Rayleigh-B%C3%A9nard-Konvektion#/media/File:172197main_NASA_Flare_Gband_lg-part.jpg abgerufen 6. Oktober 2018

Wikipedia. (2. Dezember 2017). Rayleigh-Bénard-Konvektion. Von https://de.wikipedia.org/wiki/Datei:B%C3%A9nard_cells_convection.ogv abgerufen 6. Oktober 2018

Wikipedia. (2. Dezember 2017). Rayleigh-Bénard-Konvektion. Von https://de.wikipedia.org/w/index.php?title=Rayleigh-B%C3%A9nard-Konvektion&oldid=171597568 abgerufen 6. Oktober 2018

Wikipedia. (14. Mai 2018). Dissipative Struktur. Von https://de.wikipedia.org/w/index.php?title=Dissipative_Struktur&oldid=177425893 abgerufen 6. Oktober 2018

Wikipedia. (4. September 2018). Endosymbiontentheorie. Von https://de.wikipedia.org/w/index.php?title=Endosymbiontentheorie&oldid=180628919 abgerufen 6. Oktober 2018

Wikipedia. (22. August 2018). Entropie. Von https://de.wikipedia.org/w/index.php?title=Entropie&oldid=180238607 abgerufen 6. Oktober 2018

Wikipedia. (16. August 2018). Gegenstand, abgeändert. Von https://de.wikipedia.org/w/index.php?title=Gegenstand&oldid=180066931 abgerufen 6. Oktober 2018

Wikipedia. (28. Mai 2018). Gesetze der Form. Von https://de.wikipedia.org/w/index.php?title=Gesetze_der_Form&oldid=177810732 abgerufen 6. Oktober 2018

Wikipedia. (24. Juli 2018). Informationsgehalt. Von https://de.wikipedia.org/w/index.php?title=Informationsgehalt&oldid=179417321 abgerufen 6. Oktober 2018

Wikipedia. (13. Februar 2018). Ludwig von Bertalanffy. Von https://de.wikipedia.org/w/index.php?title=Ludwig_von_Bertalanffy&oldid=173959206 abgerufen 6. Oktober 2018

Wikipedia. (12. April 2018). Makrozustand. Von https://de.wikipedia.org/w/index.php?title=Makrozustand&oldid=176404344 abgerufen 6. Oktober 2018

Wikipedia. (22. Juli 2018). Maxwell-Boltzmann-Verteilung. Von https://de.wikipedia.org/w/index.php?title=Maxwell-Boltzmann-Verteilung&oldid=179344759 abgerufen 6. Oktober 2018

Wikipedia. (29. August 2018). Mikrozustand. Von https://de.wikipedia.org/w/index.php?title=Mikrozustand&oldid=180461749 abgerufen 6. Oktober 2018

Wikipedia. (25. September 2018). Modell. Von https://de.wikipedia.org/w/index.php?title=Modell&oldid=181209614 abgerufen 6. Oktober 2018

Wikipedia. (25. September 2018). Musterbildung. Von https://de.wikipedia.org/w/index.php?title=Musterbildung&oldid=181207552 abgerufen 6. Oktober 2018

Wikipedia. (6. Februar 2018). Mustererkennung. Von https://de.wikipedia.org/w/index.php?title=Mustererkennung&oldid=173731192 abgerufen 6. Oktober 2018

Wikipedia. (7. August 2018). Negentropie. Von https://de.wikipedia.org/w/index.php?title=Negentropie&oldid=179808609 abgerufen 6. Oktober 2018

Wikipedia. (4. Oktober 2018). Normalverteilung. Von https://de.wikipedia.org/w/index.php?title=Normalverteilung&oldid=181488240 abgerufen 6. Oktober 2018

Wikipedia. (25. September 2018). Pauli-Prinzip. Von https://de.wikipedia.org/w/index.php?title=Pauli-Prinzip&oldid=181212291 abgerufen 6. Oktober 2018

Wikipedia. (21. September 2018). Qualität. Von https://de.wikipedia.org/w/index.php?title=Qualit%C3%A4t&oldid=181099496 abgerufen 6. Oktober 2018

Wikipedia. (27. August 2018). Quantität. Von https://de.wikipedia.org/w/index.php?title=Quantit%C3%A4t&oldid=180385996 abgerufen 6. Oktober 2018

Wikipedia. (14. August 2018). Selbstorganisation. Von https://de.wikipedia.org/w/index.php?title=Selbstorganisation&oldid=180002233 abgerufen 6. Oktober 2018

Wikipedia. (19. August 2018). System. Von https://de.wikipedia.org/w/index.php?title=System&oldid=180153930 abgerufen 6. Oktober 2018

Wikipedia. (1. Februar 2018). Systementwicklung. Von https://de.wikipedia.org/w/index.php?title=Systementwicklung&oldid=173562899 abgerufen 6. Oktober 2018

Wikipedia. (9. Mai 2018). Systemtheorie. Von https://de.wikipedia.org/w/index.php?title=Systemtheorie&oldid=177281611 abgerufen 6. Oktober 2018

Wikipedia. (21. Sptember 2018). Zufall. Von https://de.wikipedia.org/w/index.php?title=Zufall&oldid=181093660 abgerufen 6. Oktober 2018

Wikipedia. (22. August 2018). Zweiter Hauptsatz der
    Thermodynamik. Von
    https://de.wikipedia.org/w/index.php?title=Zwei-
    ter_Hauptsatz_der_Thermodynamik&oldid=18024
    9537 abgerufen 6. Oktober 2018

Von Simon Reist im Verlag NanoEdition bereits erschienen

Jagd nach der fehlenden Synthese

Ein Namenloser erforscht die Ursachen seiner Nachdenklichkeit und findet, neben vielem anderem, zwei Hypothesen, welche die Entstehung und das Überdauern der heutigen Religionen zu erklären vermögen.

2003, 213 Seiten: ISBN 978-3-9521575-1-1

(Neuauflage des Titels **Im Feld des Wandels**, 1999, 202 Seiten: ISBN 978-3-9521575-0-3)

14 Milliarden Jahre Ursache und Wirkung

Auf der Suche nach den Ursachen von Raum und Zeit findet der Autor die Wirklichkeit. In ihr sind Wirkungen das Mass aller Dinge. Um sich in dieser Wirklichkeit zurechtzufinden, schafft sich der Mensch Konzepte, zum Beispiel Raum und Zeit.

2012, 37 Seiten: ISBN 978-3-953575-2-7

Mehr zu Simon Reist und seinen Texten unter www.nanoedition.ch